乡村振兴战略之乡村人才振兴

茶艺师

◎ 邹成冈　路瑞丽　钟凤莲　主编

中国农业科学技术出版社

图书在版编目（CIP）数据

茶艺师／邹成冈，路瑞丽，钟凤莲主编 . --北京：中国农业科学技术出版社，2018.9

（乡村振兴战略实践丛书）

ISBN 978-7-5116-3856-4

Ⅰ.①茶…　Ⅱ.①邹…②路…③钟…　Ⅲ.①茶文化-基本知识　Ⅳ.①TS971.21

中国版本图书馆 CIP 数据核字（2018）第 198512 号

责任编辑	徐　毅
责任校对	贾海霞

出 版 者	中国农业科学技术出版社
	北京市中关村南大街 12 号　邮编：100081
电　话	（010）82106631（编辑室）　　（010）82109702（发行部）
	（010）82109709（读者服务部）
传　真	（010）82106631
网　址	http://www.castp.cn
经 销 者	各地新华书店
印 刷 者	北京建宏印刷有限公司
开　本	850 mm×1 168 mm　1/32
印　张	5.375
字　数	150 千字
版　次	2018 年 9 月第 1 版　2020 年 5 月第 3 次印刷
定　价	28.00 元

《茶 艺 师》
编 委 会

主　编　邹成冈　路瑞丽　钟凤莲

副主编　蒋　娇　熊　瑛　宋晓兰

参编者　关伟伟

前　　言

随着我国经济的发展和文化的繁荣，茶产业进入了前所未有的黄金时期，同时，经济和文化的发展也对茶艺教育提出新的要求。2006年，人力资源和社会保障部制定了《茶艺师国家职业标准》，并将"茶艺师"列为国家职业工种。

本书主要阐述了茶艺师基础知识、茶叶知识、茶具知识、品茗用水、茶叶冲泡技艺、茶艺师礼仪接待知识、茶艺表演基础知识和茶叶销售。

本书主要特点如下。

（1）本书依据《茶艺师国家职业标准》对初、中级茶艺师所应具备的基础知识和基本技能的要求编写。

（2）针对不同层次及职业技能培训的学员，进一步精简理论，突出实际操作方法和技艺，从而强化技能的实用性。

（3）采用图文相结合的方式，介绍各项操作技能，便于学员学习、理解和对照操作。

由于编者水平有限，书中难免有不妥之处，欢迎广大读者批评指正。

编　者

2008 年 6 月

目　　录

第一章　茶艺师基础知识

第一节　茶艺师岗位职责

（1）严格遵守各项规章制度，对工作场所环境卫生、设施设备要做好维护工作。

（2）严格把好操作技艺的质量关，避免有烫伤客人等事故发生。

（3）上班前要穿好工作服，化好妆，工作期间要保持良好的仪容仪表。

（4）对客人应热情、周到，见到领导、同事要打招呼或问候。引领客人入座，并热情服务，做到"问有答声"，迅速上前服务。

（5）对营业现场不间断巡视，随时服务客人；若客人对茶品有疑问，应及时向客人解释，不能解决时应上报部门领导。

（6）工作积极、主动、勤劳、诚实，做好每日岗位相关的工作。

（7）熟悉各种茶品的品名、产地、制作、特征及其冲泡方法、投茶量、泡茶水温、冲泡时间，协助客人鉴别茶叶质量等，使客人在品茗期间感受茶文化的博大精深。

（8）协助其他岗位的工作，若须帮助及时补位。

（9）经常练习自身技能技巧，若遇大型活动需要参加，根据公司安排做好演出、比赛的准备。

（10）定期组织服务人员接受茶叶、茶艺、茶文化等方面的知识、技能训练，积极营造食府茶楼的文化氛围。

（11）了解、熟知客人的姓氏、爱好、消费习惯，及时征询客人意见，做好令客人满意的服务与答复。

（12）主动征询客人意见，及时向部门领导汇报有建设性的意见和建议。

第二节　茶艺师职业操守

职业守则，是职业道德的基本要求在茶艺服务活动中的具体体现，也是职业道德基本原则的具体化和补充。因此，它既是每个茶艺从业人员在茶艺服务活动中必须遵循的行为准则，又是人们评判每个茶艺从业人员职业道德行为的标准。"茶为国饮"，普惠大众，是茶艺从业人员职业守则的立足点。

一、热爱专业，忠于职守

热爱专业是职业守则的首要一条，只有对本职工作充满热爱，才能积极、主动、创造性地去工作。茶艺工作是经济活动的一个组成部分，做好茶艺工作，对促进茶文化的发展、市场的繁荣，以及满足消费，促进社会物质文明和精神文明的发展，增进与世界各国人民的友谊等方面，都有极其重要的现实意义。因此，茶艺从业人员要认识到茶艺工作的价值，热爱茶艺工作，了解本工作的岗位职责、要求，以高水平完成茶艺服务任务。

二、遵纪守法，文明经营

茶艺工作有它的职业纪律要求。所谓职业纪律，是指茶艺从业人员在茶艺服务活动中必须遵守的行为准则，它是正常进行茶艺服务活动和履行职业守则的保证。

职业纪律包括了劳动、组织、财物等方面的要求。所以，茶艺从业人员在服务过程中要有服从意识，听从指挥和安排，使工作处于有序状态，并严格执行各项制度，如考勤制度、安全制度等，以确保工作成效。茶艺从业人员每天都会与财物打交道，因此，要做到不侵占公物、公款，爱惜公共财物，维护集体利益。

此外，满足服务对象的需求是茶艺工作的最终目的，因此，茶艺从业人员要在维护品茶客人利益的基础上方便宾客、服务宾客，为宾客排忧解难，做到文明经营。

三、礼貌待客，热情服务

礼貌待客、热情服务是茶艺工作最重要的业务要求和行为规范之一，也是茶艺从业人员职业道德的基本要求之一。它体现出茶艺从业人员对工作的积极态度和对他人的尊重，这也是做好茶艺工作的基本条件。

1. 文明用语，和气待客

文明用语是茶艺从业人员在接待宾客时需使用的一种礼貌语言。它是茶艺从业人员与品茶客人进行交流的重要交际工具，同时，又具有体现礼貌和提供服务的双重特性。

文明用语是通过形式表现出来的，如说话的语气、表情、声调等。因此，茶艺从业人员在与品茶的客人交流时要讲究语气平和、态度和蔼、热情友好，这一方面是来自茶艺从业人员内在的素质和敬业的精神；另一方面要在长期的工作中不断训练自己，运用好语言这门艺术，正确表述茶艺从业人员的意见，更好地感染宾客，从而提高服务质量和效果。

2. 整洁的仪容、仪表，端庄的仪态

在与人交往的过程中，仪容、仪表常常是"第一印象"；待人接物，一举一动都会产生不同的效果。对于茶艺从业人员来说，整洁的仪容、仪表，端庄的仪态，不仅是个人修养问题，也是服务态度和服务质量的一部分，更是职业道德规范的重要内容和要求。茶艺从业人员在工作中精神饱满、全神贯注，会给品茶的客人以认真负责、可以信赖的感觉，而整洁的仪容、仪表和端庄的仪态，则体现出对宾客的尊重和对本行业的热爱，给品茶的客人留下一个美好的印象。

3. 尽心尽职，态度热情

茶艺从业人员尽心尽职就是要在茶艺服务中充分发挥主观能动性，用自己最大的努力尽到自己的职业责任，处处为品茶的客人着想，使他们体验到标准化、程序化、制度化和规范化的茶艺服务。同时，茶艺从业人员要在实际工作中倾注极大的热情，耐心周到地把现代社会人与人之间平等、和谐的良好人际关系，通过茶艺服务传达给每一位宾客，使他们感受到服务的温馨。

四、真诚守信，一丝不苟

真诚守信、一丝不苟是做人的基本准则，也是一种社会公德。对茶艺从业人员来说，它是一种职业的本质态度，它的基本作用是树立自己的信誉，树立起值得他人信赖的道德形象。

一个茶艺馆，如果不重视茶品的质量，不注重为品茶的客人服务，只是一味地追求经济利益，那么这个茶艺馆将会信誉扫地；反之，则会赢得更多的宾客，也会在竞争中占据优势。

五、钻研业务，精益求精

钻研业务、精益求精是对茶艺从业人员在业务上的要求。要为品茶的客人提供优质服务，使茶文化得到进一步发展，就必须有丰富的业务知识和高超的操作技能。因此，自觉钻研业务，精益求精就成了一种必然要求。如果只有做好茶艺工作的愿望而没有做好茶艺工作的技能，那是无济于事的。

作为一名茶艺从业人员，要主动、热情、耐心、周到地接待品茶的客人，了解不同品茶对象的品饮习惯和特殊要求，熟练掌握不同茶品的沏泡方法。这与茶艺从业人员不断钻研业务、精益求精有很大关系，它不仅需要正确的动机、良好的愿望和坚强的毅力，而且要有正确的途径和方法。学好茶艺的有关业务知识和操作技能有两条途径：一是要从书本学习；二是要向其他人员学习。不断积累丰富业务知识，提高技能水平，并在实践中加以检验，以科学的态度认真对待自己的职业实践，这样才能练就过硬的基本功，也就是茶艺的操作技能，更好地适应茶艺工作。

第三节 食品卫生常识

茶艺馆、茶楼、茶室是比较特殊的服务场所，不仅仅是欣赏茶艺表演的舞台，还是人们品茶、用食的地方。这就要求茶艺师对我国《中华人民共和国食品卫生法》（以下简称《食品卫生法》）常识有所了解。

一、《食品卫生法》的基本原则与主要内容

《食品卫生法》是为保证食品卫生，防止食品污染和有害因素对人体的危害，保障人民身体健康，增强人民体质而制定的。它适用于一切食品、食品添加剂、食品容器、包装材料和食品用工具、设备、洗涤剂以及消毒剂，也适用于食品的生产经营场所、设施和有关环境。国家对食品卫生实行监督制度，即国务院卫生行政部门主管全国食品卫生监督管理工作。国务院有关部门在各自的职责范围内负责食品卫生管理工作。县级以上地方人民政府卫生行政部门在管辖范围内行使食品卫生监督职责。铁道、交通行政主管部门设立的食品卫生监督机构，行使国务院卫生行政部门会同国务院有关部门规定的食品卫生监督职责。

《食品卫生法》主要涉及食品的卫生，食品添加剂的卫生，

食品容器、包装材料和食品用工具、设备的卫生，食品卫生标准和管理办法的制度，食品卫生管理，食品卫生监督以及违反《食品卫生法》应承担的法律责任等内容。

二、与茶艺馆业有关的卫生要求

《食品卫生法》规定的食品是指各种供人食用或者饮用的成品和原料以及按照传统既是食品又是药品的物品（不包括以治疗为目的的物品）。而茶属于食品的一种，因此，以提供茶服务为主的茶艺馆应当符合《食品卫生法》规定的卫生要求。具体包括：

（1）食品生产经营过程必须符合卫生要求。具体如下。

保持内外环境整洁，采取措施消除苍蝇、老鼠、蟑螂和其他有害昆虫，与有毒、有害场所保持规定的距离。

餐具、饮具和盛放直接入口食品的容器，使用前必须洗净、消毒；饮具、用具用后必须洗净，保持清洁。

食品生产经营人员应当保持个人卫生。生产、销售食品时，必须将手洗净，穿戴清洁的工作服、帽；销售直接入口食品时，必须使用售货工具。

用水必须符合国家规定的城乡生活饮用水卫生标准。

使用的洗涤剂、消毒剂应当对人体安全、无害。

（2）食品生产经营者采购食品及其原料，应当按照国家有关规定索取检验合格证或者化验单，销售者应当提供。需要索证的范围和种类由省、自治区、直辖市人民政府卫生行政部门规定。

（3）食品生产经营人员每年必须进行健康检查；新参加工作和临时参加工作的食品生产经营人员必须进行健康检查，取得健康证明后方可参加工作。

凡患有痢疾、伤寒、病毒性肝炎等消化道传染病（包括病原携带者），活动期肺结核、化脓性或者渗出性皮肤病以及其他有碍食品卫生的疾病的，不得参加接触直接入口食品的工作。

（4）食品生产经营企业和食品摊贩，必须先取得卫生行政部门发放的卫生许可证，方可向工商行政部门申请登记；未取得卫生许可证的，不得从事食品生产经营活动。

第四节　劳动法常识

作为茶艺师，应该掌握《中华人民共和国劳动法》（以下简称《劳动法》）中有关劳动者本人权益、用人单位利益以及劳资关系协调与仲裁的内容。

一、对劳动者素质的要求

劳动者的素质是指作为一名劳动者应具备的条件，它直接关系到劳动者本人和用人单位的利益。

《劳动法》在总则中规定了一些对劳动者素质的要求。

1. 劳动者应当完成劳动任务

这是对劳动者最基本的素质要求。只有完成劳动任务，劳动者和用人单位的利益才能够得到实现。

2. 提高职业技能

这是对劳动者职业素质方面的要求。劳动者素质的提高，将有助于劳动者和用人单位更好地实现自身利益。

3. 执行劳动安全卫生规程

这是对劳动者安全卫生方面的素质要求。只有严格执行劳动安全卫生规程，才能防止劳动过程中的事故，减少职业危害。

4. 遵守劳动纪律和职业道德

这是对劳动者纪律和道德观念方面的素质要求。它是衡量一个劳动者素质高低的重要标准。

二、对劳动者合法权益的保护

保护劳动者的合法权益，是《劳动法》的根本宗旨。《劳动法》主要是通过规定劳动者享有一系列权利来达到保护劳动者合法权益的目的。具体规定如下。

1. 劳动者享有平等就业和选择职业的权利

劳动者就业，不因民族、种族、性别、宗教信仰不同而受歧视。妇女享有与男子平等的就业权利。求职者与用人单位均有权选择对方，即求职者有权自由选择用人单位，用人单位有权自主选择录用求职者。

2. 取得劳动报酬的权利

工资分配应当遵循按劳分配原则，实行同工同酬。国家实行最低工资保障制度。用人单位支付劳动者的工资不得低于当地最低工资标准。工资应当以货币形式按月支付给劳动者本人。不得克扣或者无故拖欠劳动者的工资。劳动者在法定休假日和婚丧假期间以及依法参加社会活动期间，用人单位应当依法支付工资。

3. 休息休假的权利

国家实行劳动者每日工作时间不得超过 8 小时，平均每周工作时间不得超过 44 小时的工时制度。用人单位应当保证劳动者每周至少休息 1 日。应当在元旦、春节、国际劳动节、国庆节以及法律、法规规定的其他休假节日期间安排劳动者休假。劳动者连续工作 1 年以上的，享受带薪年休假。

4. 获得劳动安全卫生保护的权利

用人单位必须建立、健全劳动安全卫生制度，严格执行国家劳动安全卫生规程和标准，对劳动者进行劳动安全卫生教育。同时，还必须为劳动者提供符合国家规定的劳动安全卫生条件和必要的劳动防护用品，对从事有职业危害作业的劳动者应当定期进行健康检查。劳动者对用人单位管理人员违章指挥、强令冒险作业，有权拒绝执行；对危害生命安全和身体健康的行为，有权提出批评、检举和控告。

5. 接受职业技能培训的权利

用人单位应当建立职业培训制度，按照国家规定提取和使用职业培训经费，根据本单位实际，有计划地对劳动者进行职业培训。

6. 享受社会保险和福利的权利

用人单位和劳动者必须依法参加社会保险，缴纳社会保险费。劳动者在退休、患病、负伤、因工伤残或者患职业病、失业、生育情况下，依法享受社会保险待遇。

第二章　茶叶知识

第一节　茶树的起源与传播

我国是世界上最早发现和利用茶叶的国家，世界各国的茶叶，都是由中国直接或间接地传播出去的。世界各国对茶的称谓也源于中国。

一、茶树起源于中国

我国是世界上最早发现和利用茶树的国家。汉代典籍中记载有"神农尝百草，日遇七十二毒，得茶而解之"的传说。神农氏是原始母系氏族社会的氏族首领。按此推算，中国人发现和利用茶叶已经有近5 000年的历史。晋代常璩在公元前350年前后所写的《华阳国志·巴志》一书中记载，周武王伐纣时，巴蜀（今四川及云南、贵州部分地区）用茶叶作为"贡品"，而且，当地已经有了人工栽培的茶园。这个时期距今已有3 000多年。以上这些资料充分说明，在远古时期，我们的先民就已经开始认识和利用茶树了。

我国还是世界上野生大茶树（图2-1）资源最丰富的国家。作为茶树起源的最重要的实物证据是野生的古茶树。我国历史文献中记载了古代南方地区分布着很多古茶树。陆羽在《茶经》中记载："其巴山峡川，有两人合抱者，伐而掇之。"至今，在我国西南山区还分布着很多古老的野生大茶树。

图2-1　大茶树

世界各国对茶的称谓源于中国。"茶"字的形、音、义是中国最早确立的。世界各国对"茶"字的发音，无论是由陆路传播的"cha"，还是由海路传播的"te"，皆源于我国"茶""茶叶"的读音。

二、茶树的形态特征

现代植物学对茶树的科学描述是："茶，一名'茗'，山茶科，常绿灌木。叶革质，椭圆形、长椭圆、卵形或披针形，边缘有锯齿。秋末开花，花1~3朵生于叶腋，白色，有花梗。蒴果扁球形，有三钝棱。广泛栽培于中国中部至东南部和西南部。性喜湿润气候和酸性土壤，耐阴性强。"茶树是由根、茎、叶、花、果等器官所组成的。它们分别有不同的生理功能。

1. 根

茶树根为轴状根系，由主根、侧根、细根、根毛组成。根的主要生理功能是固定植株，吸收土壤中的水分和营养物质，将这些物质运输到地上部，并具储藏和合成等功能。茶籽萌发时，胚根生长而成主根，主根上产生的各级大小分支，称侧根。茶树幼嫩细根的根尖上有许多根毛，依靠它吸收肥和水。

2. 茎

茎由种子胚芽和叶芽发育而形成，是连接茶树各器官的部分，也是形成新的茎、叶、芽的部分。茶树的茎部一般分为主干、主轴、骨干枝、细枝，直到新梢。主干是区别茶树类型的依据，分枝以下部分称为主干，分枝以上部分称为主轴。

由于主干的特征和分枝部位的高低不同，可将茶树树型分为乔木型、半乔木型和灌木型 3 种。枝条是生长着叶子的茎，初期尚未木质化的枝条，称为新梢或嫩梢。新梢柔软，茎绿色，生有茸毛。

3. 叶

叶是茎尖的叶原基发育而来的，是进行光合作用和蒸腾作用呼吸的主要器官，也是加工茶叶的原料。

茶树叶片可分为鳞片、鱼叶和真叶。一般所说的茶叶即指真叶。真叶的大小、色泽、厚度和形态各不相同，并因品种、季节、树龄、立地条件及农业技术措施等不同而有很大差异。

叶形有卵圆形、椭圆形、长椭圆形、倒卵形、圆形、披针形等。其中，以椭圆形和卵形居多。叶面有光暗、粗糙、平滑之分，叶表面通常有不同程度的隆起。叶质有厚薄、软硬之分。叶尖形状有长短、尖钝之分，分为锐尖、钝尖、渐尖、圆尖等种。叶缘有锯齿，一般有 16~32 对；锯齿上有腺细胞，老叶脱落后留下褐色疤痕；叶脉呈网状，有明显的主脉，侧脉伸展至叶缘 2/3 处向上弯曲呈弧形并与上方侧脉相连。叶片在茎上的着生状态分上斜、水平、下垂 3 种，叶片大小分为小叶种、中叶种和大叶种（图 2-2）。

叶片上的茸毛（即一般说的"毫"）是茶树叶片形态的主

要特征之一。茶树新梢上顶芽和嫩叶的背面均生长有茸毛。茸毛多是鲜叶细嫩、品质优良的标志。随着叶片成熟，茸毛逐渐稀短脱落。

图 2-2　大叶种茶树叶片

4. 花

花是茶树的生殖器官，由花托、花萼、花瓣、雄蕊、雌蕊等五部分组成。属完全花。

茶花为两性花，有芳香味。多为白色，少数呈淡黄或粉红色。花瓣通常为 5~7 瓣，呈椭圆形或倒卵形，基部相连，大小因品种不一而不同。

5. 果实

果实是茶树种子繁殖的器官。茶树果实为蒴果。茶树果实，如图 2-3 所示。

由茶花受精至果实成熟，约需 16 个月，从 6 月起，同时进行着花与果发育的 2 个过程，"带子怀胎"也是茶树的特征之一。

成熟果实的果皮为棕褐色，外种皮为栗壳色，内种皮为浅棕

图 2-3　茶树果实

色。茶果形状视种子数目而异，每果 1 粒的略呈圆形，2 粒的呈椭圆形。种子粒数的多少是由子房室数和胚珠数及发育条件而定的。

三、茶树的繁殖与茶叶采摘

1. 茶树的适生条件

茶树的适生条件，主要是指气候和环境中的阳光、温度、水分和土壤等条件。

（1）阳光。茶树具有耐阴的特性，喜光怕晒。光照强度不仅与茶树光合作用和茶树的产量有紧密的关系，而且直接影响着茶叶的品质。一般来说，生长在植被茂盛的高山或云雾缭绕环境中的茶树，茶的品质往往比平地的好。因此，有"高山出好茶"的说法。

（2）温度。温度是茶树生长发育的基本条件。茶树喜暖怕寒，最适宜茶树生长的温度是 20~30℃。当气温低于 10℃时，茶芽停止萌发，处于冬季休眠状态。若温度较低，茶树会受到严重的冻害。如果气温高于 35℃，茶树生长也会受到抑制。

（3）水分。茶树对湿润条件较为适应。一般适宜种茶地区要求年降水量在 1 500mm 左右，空气相对湿度在 80% 左右。水分不足或过多，都会影响茶树的生长、茶叶产量和茶叶品质。

（4）土壤。茶树生长所需要的养料和水分都来自土壤。适宜种茶的土壤对土质结构的要求是：土质疏松，通气性、透水性良好，且 pH 值为 4.5~6.5 的酸性土壤。

2. 茶树的繁殖

茶树繁殖有有性繁殖与无性繁殖 2 种方法。有性繁殖是利用茶籽进行播种，也称种子繁殖；无性繁殖也称营养繁殖，是利用茶树的根、茎等营养器官，在人工创造的适当条件下，经培养使之形成一株新的植株，包括扦插、压条和分株等。

传统栽培采用有性繁殖的方法。其操作简便易行，劳动力消耗较少，成本较低，茶苗有较强的生命力。但有性繁殖难于保持原有品种的特性，其后代易产生变异。

现代茶园种植面积大，要求茶树特性具有较高的一致性，所以普遍采用无性繁殖。茶树无性繁殖一般采用扦插繁殖的方法。无性繁殖栽培的苗木能充分保持母树的特征和特性，苗木的性状比较一致，有利于茶园管理，有利于扩大良种的数量。

3. 茶叶采摘

茶叶采摘在一定程度上决定着茶叶的产量和品质。采摘方法包括人工采摘和机械采摘两种。传统采摘为人工采摘，生产效率低，成本较高，适宜制作高档名优茶。现代化的机械采摘生产量大，成本较低，但质量比人工采摘的低，存在芽叶破碎、混杂和老梗老叶以及匀净度差的问题，适宜制作中档茶和大宗茶。

茶叶采摘的总体要求是合理采摘。具体要求为按标准采、及时采、分批采和留叶采。

（1）按标准采。按标准采指根据不同的需要按照一定的鲜叶嫩度标准来采摘。大体上有细嫩的标准、适中的标准、偏老的标准、粗老的标准四大类。

细嫩的标准适用于名优茶的采摘，对鲜叶的嫩度和匀度要求较高，大多只采初萌的壮芽或初展的一芽一、二叶。

适中的标准适宜大宗红、绿茶的采摘，对鲜叶的嫩度要求适中，一般采摘一芽二、三叶和幼嫩的对夹叶。

偏老的标准适宜乌龙茶的制作，采摘时须等新梢生长近成熟，叶片开度达到八成，采下带驻芽的二片、三片嫩叶。

粗老的标准主要用于黑茶、晒青茶等边销茶。对鲜叶的嫩度要求较低，主要采用粗老的叶片。采摘一芽四、五叶或对夹三叶、四叶的均可。

（2）及时采。根据新梢芽叶生长情况及时地按标准将芽叶采摘下来。

（3）分批采。分批多次采是提高茶叶品质和数量的重要环节。根据茶树茶芽发育不一致的特点，采摘时先采达到标准的芽叶，未达到标准的待茶芽生长达到标准时再采，这样既有利于提高茶叶产量和质量，也有利于茶树的生长。

（4）留叶采。留叶采指在采摘芽叶的同时，把若干片新生叶子留养在茶树上。茶叶既是收获对象，又是茶树制造有机物、光合作用的主要器官。实行留叶采，可使茶树持续生长健壮，不断扩大采摘面，是稳定并提高产量和质量的有效措施。

四、中国茶叶的对外传播

由于地理环境和交通运输条件的制约，中国茶叶向外传播，经历了一个先由原产地扩散到我国长江流域中、下游地区，再辐射到邻近的韩国、日本、俄罗斯、印度、斯里兰卡等周边国家，然后传播到世界各国的漫长过程。

1. 传入朝鲜、日本

朝鲜半岛北端与中国辽宁、吉林 2 省接壤，彼此来往较为方便，文化交流也较频繁。据朝鲜史料记载，公元 828 年，朝鲜派使者金大廉入唐朝贡，唐文宗赐茶籽。金大廉便由中国携回茶籽，种于智异山下的华岩寺周围。此后，朝鲜茶叶种植业不断发展，逐步实现了自给自足。目前，韩国仍以生产绿茶为主。

茶叶传入日本是由日本派往大唐留学的僧侣带回国的。延历二十四年（公元 805 年），日本高僧最澄赴中国浙江天台山国清寺学习佛教，返日时，带回茶种。种在日吉神社旁边，成为日本最早的茶园。平城天皇大同元年（公元 806 年），日本高僧空海又来中国学佛，回国时也携带了不少茶籽，种植于京都高山寺等地。因此，最澄和空海两人被认为是日本茶树种植的始祖。嵯峨天皇于弘仁六年（公元 815 年）四月巡幸近江滋贺县的唐琦，经过梵释寺时，该寺大僧都永忠亲手煮茶进献，天皇赐以御冠。天皇巡幸后，下令畿内、近江、丹波、播磨等地种茶，作为贡品，日本茶叶生产从此开始繁荣起来，并由寺庙传到民间。日本茶园，如图 2-4 所示。

图2-4 日本茶园

2. 传入欧美各国

茶叶传入欧美各国主要有海路和陆路 2 条途径。海路传播主要是通过南海，沿印度支那半岛，穿过马六甲海峡，通过印度洋、波斯湾、地中海，输往欧洲各国。陆路传播主要是通过丝绸之路到蒙古，转道恰克图，一路输往中亚，阿拉伯世界，一路输往俄国。

俄罗斯虽然与我国北方领土接壤，但饮茶历史要比其他国家晚得多。从 1814 年开始尝试种植，但收效甚微。直到 1883 年，才从中国湖北运回了 12 000 株茶树苗和大批茶籽，陆续在各地种植，并取得成功。到 1898 年，就已有茶厂开始用机器生产自己种植的茶叶了。

茶叶传入欧洲时，最早是以绿茶为主，但从遥远的中国运输茶叶到欧洲需要在海上航行 12~15 个月时间，茶叶容易变味，即使没有发霉，其色香味也大打折扣。而红茶属于全发酵茶，可以长期保存而不会变质，而且红茶不易掺假，于是就逐渐取代了绿茶。据统计，18 世纪初英国进口的茶叶 55% 是绿茶，到了 18 世纪中期，红茶就占了 66%。于是，英国人就越来越喜欢喝红茶，红茶中又以武夷茶占多数。目前，80.1% 的英国人天天喝茶。

3. 传入印度、斯里兰卡

1834 年，英国派戈登往中国内地调查种茶、制茶技术。他收购了大批武夷山茶籽，于 1835 年运往印度加尔各答，同时还派四川雅州的茶师传习种茶、制茶技术。1836 年，印度又在阿萨姆省建立数所茶苗圃，开设小制茶场，并试制成功。后来，又派人到福建厦门购买茶籽种植。1839 年，成立了专门负责发展茶叶的阿萨姆公司。1848 年，英国人福顿又从中国内地购买大批茶苗，雇用了 8 名制茶工人。1850—1851 年，共向加尔各答运去 20 万株茶苗及大批茶籽。从此之后，印度茶叶生产才开始走上正轨。

经过近 200 年的发展，印度的茶叶生产实现了机械化和科学化。成为位居世界前列的茶叶大国。据统计，2014 年，印度的茶叶总产量为 118.48 万 t，位居世界第二。

印度生产的茶叶，96% 以上是红茶，只生产少量的绿茶。印度也是世界上最大的茶叶消费国家，年消费量为 60 万 t，人均年消费量为 640g。

第二节　中国茶叶的分类与加工

中国是世界上最早利用茶叶，也是最先掌握制茶工艺的国家。在茶叶生产加工的过程中，我们的祖先制作出了千姿百态的茶叶，其种类堪称世界茶叶之最。

一、茶类的演变

在利用茶叶的漫长过程中，茶类的演变经历了咀嚼鲜叶、生煮羹饮、晒干收藏、蒸青做饼、蒸青散茶、炒青散茶、白茶、黄茶、黑茶、乌龙茶、红茶、现代再加工茶等阶段。

最早利用茶叶是从咀嚼鲜叶开始的，三国时出现了蒸青做饼；到唐代，蒸青做饼的工艺日臻完善，炒青工艺萌芽；经过宋、元，到明代，绿茶工艺得到完善；发展到清代，绿茶、白茶、黄茶、黑茶、青茶、红茶六大茶类品类齐全。

二、中国茶叶的分类及品质特点

世界各地对茶类的划分不尽相同。欧美国家由于茶叶种类较少，习惯上把茶叶分为绿茶、红茶和乌龙茶。日本普遍按发酵程度把茶叶分为不发酵茶（绿茶类）、半发酵茶（白茶、黄茶和乌龙茶类）、全发酵茶（红茶类）和后发酵茶（黑茶类）四类。我国茶类众多，目前被广泛采用的分类方法是将中国茶叶分为基本茶类和再加工茶类两个大类。基本茶类包括绿茶、黄茶、白茶、青茶、红茶、黑茶六大茶类。其具体类别，如图2-5所示。

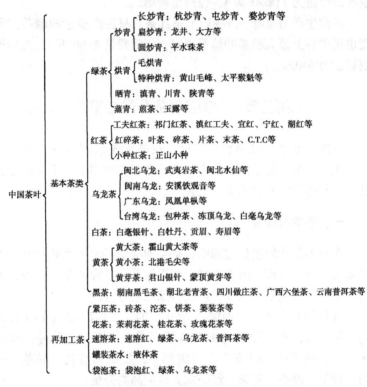

图2-5 中国茶叶分类

1. 绿茶的分类及品质特点

绿茶的基本特征是叶绿汤清，属于不发酵茶。根据杀青方式和最后干燥方式的差别，分为炒青绿茶、烘青绿茶、晒青绿茶和蒸青绿茶四类。用热锅炒干称为炒青，用烘焙方式进行干燥的称为烘青，利用日光晒干的称为晒青，鲜叶经过高温蒸气杀青的称为蒸青。除此之外，还有半烘炒茶和半蒸炒茶等。

（1）炒青茶。按茶的形状区分，可分为长炒青、圆炒青和扁炒青。以长炒青的产地最广、产量最多。

①长炒青：传统主产区是浙江、安徽和江西3个省，以小叶种茶树品种为主。浙江省有杭炒青、遂炒青和温炒青；安徽省有屯炒青、芜炒青和舒炒青；江西省有婺炒青、赣炒青和饶炒青等。有时还按外销产品的称谓，分别称为杭绿、屯绿、婺绿等。

长炒青的品质特征是：高档茶条索紧结、浑直匀齐、有锋苗，色泽绿润；内质香气清高持久，滋味浓醇，汤色黄绿、清澈明亮，叶底嫩匀、黄绿明亮。其中，以婺炒青和屯炒青品质为佳。

②圆炒青：圆炒青是我国绿茶的主要品种之一，历史上主要集散地在浙江省绍兴市平水镇，因而称为"平水珠茶"，毛茶又称为平炒青。外形呈颗粒状，高档茶圆紧似珠，匀齐重实，色泽墨绿油润；内质香气纯正，滋味浓醇，汤色清明，叶底黄绿明亮，芽叶柔软完整。

③扁炒青：外形呈扁形，有龙井茶、大方茶、旗枪茶等。

（2）烘青。烘焙干燥的绿茶都属烘青茶。有毛烘青和特种烘青。毛烘青是条形茶，产区分布甚广，各主要产茶省均有生产，以浙江、安徽和福建3省为最多，品种以中小叶种为主。特种烘青即烘青名优茶，主要有黄山毛峰、太平猴魁、开化龙顶、江山绿牡丹等。

毛烘青的品质特征：高档茶外形条索紧直，有锋苗、露毫，色泽深绿油润；内质香气清鲜，滋味鲜醇，汤色黄绿清澈明亮，叶底嫩绿明亮嫩匀完整。

（3）晒青。晒青茶产地较多。中南、西南各省区和陕西均有生产。如滇青、鄂青、川青、黔青、湘青、豫青和陕青等，品质以滇青为佳。晒青毛茶一部分精制后以散茶形式供应市场，大部分作为黑茶和紧压茶原料。

晒青茶品质特征是：外形条索尚紧结，色泽乌绿欠润，香气低闷，常有日晒气，汤色及叶底泛黄，常有红梗红叶。

（4）蒸青。蒸青茶有煎茶、玉露茶等。主要出口日本。

煎茶的品质要求干茶、汤色和叶底"三绿"。高档茶条索细紧圆整，挺直呈针形，匀称有尖锋，色泽鲜绿有光泽；香气似苔菜香，味醇和，回味带甘，茶汤清澈呈淡黄绿色。中、低档茶，条索紧结略扁，挺直较长，色泽深绿，香气尚清香，滋味醇和略涩，叶底青绿色。

2. 红茶分类及品质特征

红茶为全发酵茶，品质特点是红汤红叶。红茶根据加工方法的不同，分为工夫红茶、红碎茶、小种红茶3种。工夫红茶是条形红毛茶经多道工序，精工细做而成，因颇花工夫，故得此名。红碎茶是在揉捻过程中，边揉边切，或直接经切碎机械将茶条切细成为颗粒状。小种红茶条粗而壮实，因加工过程中有熏烟工序，使其香味带有松烟香味。

（1）小种红茶。小种红茶主产于武夷山市星村镇桐木村一带，又称正山小种。其外形粗壮肥实，色泽乌黑油润有光，汤色鲜艳浓厚、呈深金黄色，香气纯正高长、带松烟香，滋味醇厚类似桂圆汤味，叶底厚实、呈古铜色（图2-6）。

图2-6 小种红茶

（2）工夫红茶。我国工夫红茶根据产地分，有云南省的滇红、安徽省的祁红、湖北省的宜红、江西省的宁红、四川省的川红、浙江省的浙红（也称越红）、湖南省的湖红、广东省（海南）的粤红、福建省的闽红等。其中，品质优良且较有代表性的工夫红茶为大叶种的滇红和小叶种的祁红。

①滇红：产于云南省的凤庆、云县、勐海等县，品种为云南大叶种，根据鲜叶的嫩匀度不同，一般分为特级、一级至五级。其中高档滇红外形条索肥壮重实，显锋苗，色泽乌润显毫，香气嫩香浓郁，滋味鲜爽浓强，收敛性强，汤色红艳，叶底肥厚柔嫩、色红艳；中档茶外形条索肥嫩紧实，尚乌润有金毫，香气浓纯，类似桂圆香或焦糖香、滋味醇厚，汤色红亮，叶底尚嫩匀、红匀尚亮；低档茶条索粗壮尚紧，色泽乌黑稍泛棕，香气纯正，滋味平和，汤色红尚亮，叶底稍粗硬、红稍暗。

②祁红：产于安徽省祁门县，品种以小叶种中的槠叶种为主，按鲜叶原料的嫩匀度分为特级、一级至五级。其中，高档祁红外形条索细紧挺秀，色泽乌润有毫，香气鲜嫩甜、带蜜糖香，滋味鲜醇嫩甜，汤色红艳，叶底柔嫩有芽、红匀明亮。

（3）红碎茶。我国红碎茶分为叶茶、碎茶、片茶、末茶4个类型，各类型又细分若干花色。品种不同的红碎茶，品质上有较大差异。花色规格不同，其外形形状、颗粒重实度及内质香味品质都有差别。

3. 乌龙茶分类及品质特征

乌龙茶按产地不同分为福建省乌龙茶、广东省乌龙茶和中国台湾省乌龙茶。其采制特点是：采摘一定成熟度的鲜叶，经萎凋、做青、杀青、揉捻、干燥后制成，形成其品质的关键工序是做青。

（1）福建省乌龙茶。福建省乌龙茶按做青（发酵）程度分闽北乌龙茶和闽南乌龙茶两大类。

①闽北乌龙茶：闽北乌龙茶做青时发酵程度较重，揉捻时无包揉工序，因而条索壮结弯曲，干茶色泽较乌润，香气为熟香型，汤色橙黄明亮，叶底三红七绿、红镶边明显。闽北乌龙茶根据品种和产地不同，有闽北水仙、闽北乌龙、武夷水仙、武夷肉桂、武夷奇种、品种（乌龙、梅占、观音、雪梨、奇兰、佛手等）、普通名枞（金柳条、金锁匙、千里香、不知春等）、名岩名枞（大红袍、白鸡冠、水金龟、铁罗汉等）。其中，武夷岩茶类如武夷水仙、武夷肉桂等香味具特殊的"岩韵"，汤色橙红浓艳，滋味醇厚回甘，叶底肥软、绿叶红镶边（图2-7）。

图2-7　大红袍

历史上武夷岩茶按产地不同划分为正岩茶、半岩茶和洲茶，以正岩茶品质最好。现在，政府为扩大当地茶叶生产、发展经济的需要，根据原产地保护的要求，把武夷岩茶的产地范围分为名岩产区和丹岩产区。名岩产区为武夷山风景区范围。丹岩产区为武夷岩茶原产地域范围内（武夷山市辖区范围）除名岩产区的

其他地区。

②闽南乌龙茶：闽南乌龙茶做青时发酵程度较轻，揉捻较重，干燥过程间有包揉工序，形成外形卷曲，壮结重实，干茶色泽较砂绿润，香气为清香细长型，叶底绿叶红点或红镶边。闽南乌龙茶根据品种不同有安溪铁观音、安溪色种、永春佛手、闽南水仙、平和白芽奇兰、诏安八仙茶、福建单枞等。除安溪铁观音外，安溪县内的毛蟹、本山、大叶乌龙、黄金桂、奇兰等品种统称为安溪色种。

（2）广东乌龙茶。广东省乌龙茶的主制品种有岭头单枞、凤凰单枞无性系——黄枝香单枞、芝兰香单枞、玉兰香单枞、蜜兰香单枞等以及少量凤凰水仙。

①岭头单枞：条索紧结挺直，色泽黄褐油润；香气有自然花香，滋味醇爽回甘，蜜味显现，汤色橙黄明亮，叶底黄腹朱边柔亮。

②凤凰单枞：主产于潮州市潮安县的名茶之乡凤凰镇凤凰山区。是从凤凰水仙群体品种中筛选出来的优异单株，品质优于凤凰水仙。其初制加工工艺接近闽北制法，外形也为直条形，紧结重实，色泽金褐油润或绿褐润。其香型因各名枞树型、叶型不同而各有差异。有浓郁栀子花香的，称为黄枝香单枞；香气清纯浓郁具自然兰花清香的，为芝兰香单枞；更有桂花香、蜜香、杏仁香、天然茉莉香、柚花香等。其滋味醇厚回甘，也因各名枞类型不同，其韵味和回甘度有区别。

（3）中国台湾省乌龙茶。中国台湾省乌龙茶按其发酵程度划分，主要有包种茶、冻顶乌龙和白毫乌龙（又名红乌龙）。

①包种茶：包种茶是目前中国台湾生产的乌龙茶中数量最多的，它的发酵程度是所有乌龙茶中最轻的，品质较接近绿茶。外形呈直条形，色泽深翠绿，带有灰霜点；汤色蜜绿，香气有浓郁的兰花清香，滋味醇滑甘润，叶底绿翠。

②冻顶乌龙：产于台湾南投县的冻顶山，它的发酵程度比包种茶稍重。外形为半球形，色泽青绿、略带白毫，香气兰花香、乳香交融，滋味甘滑爽口，汤色金黄中带绿意，叶底翠绿、略有红镶边。

③白毫乌龙：白毫乌龙（图2-8）是所有乌龙茶中发酵最重的，而且鲜叶嫩度也是乌龙茶中最嫩的，一般为带嫩芽采一芽二叶。其外形茶芽肥壮，白毫显，茶条较短，色泽呈红、黄、白三色；汤色呈鲜艳的橙红色，香气有天然的花果香，滋味醇滑甘爽，叶底红褐带红边，叶基部呈淡绿色，芽叶完整。

图2-8　白毫乌龙

4. 黄茶分类及品质特征

黄茶的初制工序与绿茶基本相同，只是在干燥前增加一道"闷黄"工序，导致黄茶香气变化，滋味变醇。黄茶按鲜叶老嫩的不同，有芽茶、叶茶之分，可分为黄芽茶、黄小茶和黄大茶3种。

（1）黄芽茶。黄芽茶包括君山银针、蒙顶黄芽、霍山黄芽等。

①君山银针：产于湖南省岳阳县洞庭湖的君山。君山银针全部用未开展的肥嫩芽尖制成，制法特点是在初烘、复烘前后进行摊凉和初包、复包，其品质特征是外形芽实肥壮，满披茸毛，色泽金黄光亮；内质香气清鲜，汤色浅黄，滋味甜爽，叶底全芽、嫩黄明亮。冲泡在玻璃杯中，芽尖冲向水面，悬空竖立，继而徐徐下沉，部分壮芽可三上三下，最后立于杯底。

按茶芽的肥壮程度一般分为极品、特级和一级。极品银针茶芽竖立率大于或等于90%，特级竖立率大于或等于80%，一级竖立率大于或等于70%。

②蒙顶黄芽：产于四川省雅安名山县。鲜叶采摘为一芽一叶初展，初制分为杀青、初包、复锅、复包、三炒、四炒、烘焙等工序。品质特征外形芽叶整齐，形状扁直，肥嫩多毫，色泽金黄；内质汤色嫩黄，味甘而醇，叶底嫩匀、嫩黄明亮。

③霍山黄芽：产于安徽省霍山县。鲜叶采摘标准为一芽一叶、一芽二叶初展，初制分炒茶（杀青和做形）、初烘和摊放，复烘和摊放、足烘等工序。每次摊放时间较长，1~2天，其品质特征是在摊放过程中形成的。黄芽的外形芽叶细嫩多毫，色泽黄绿；内质汤色黄绿带金黄圈，香气清高，带熟板栗香，滋味醇厚回甘，叶底嫩匀黄亮。

（2）黄小茶。黄小茶的鲜叶采摘标准为一芽一、二叶或一芽二、三叶。有湖南省的北港毛尖和沩山毛尖，浙江省的平阳毛尖，皖西的黄小茶等。

①北港毛尖：产于湖南省岳阳北港，鲜叶采摘标准为一芽二、三叶。初制分为杀青、锅揉、闷黄、复炒、复揉、炒干等工序。品质特点是外形条索紧结重实卷曲，白毫显露，色泽金黄；内质汤色杏黄清澈，香气清高，滋味醇厚，耐冲泡，3~4次尚有

余味。

②沩山毛尖：产于湖南省宁乡县的沩山。品质特征是外形叶边微卷，金毫显露，色泽黄亮油润；内质汤色橙黄明亮，有浓厚的松烟香，滋味甜醇爽口，叶底芽叶肥厚黄亮。此茶为甘肃、新疆等地消费者所喜爱。形成沩山毛尖品质特征的关键是在初制时经过"闷黄"和"烟熏"2道工序。

（3）黄大茶。黄大茶的鲜叶采摘标准为一芽三、四叶或一芽四、五叶。产量较多，主要有安徽省霍山黄大茶和广东省大叶青茶。

①霍山黄大茶：鲜叶采摘标准为一芽四、五叶。初制为炒茶与揉捻，初烘、堆积、烘焙等工序。堆积时间较长（5~7天），烘焙火功较足，下烘后趁热踩篓包装，是形成霍山黄大茶品质特征的主要原因。

霍山黄大茶外形叶大梗长，梗叶相连，形似钓鱼钩，色泽油润，有自然的金黄色；内质汤色深黄明亮，有突出的高爽焦香，似锅巴香，滋味浓厚，叶底色黄，耐冲泡。

②广东大叶青：以大叶种茶树的鲜叶为原料，采摘标准一芽三、四叶。初制为萎凋、杀青、揉捻、闷堆、干燥等工序，其中闷堆是形成大叶青茶品质特征的主要工序。广东大叶青外形条索肥壮卷曲，身骨重实，显毫，色泽青润带黄（或青褐色）；内质香气纯正，滋味浓醇回甘，汤色深黄明亮（或橙黄色），叶底浅黄色，芽叶完整。

5. 白茶分类及品质特征

白茶是我国特种茶类之一，主产于福建省福鼎、政和、建阳等地。传统工艺的白茶是不经炒、揉，直接萎凋（或干燥）而成的片叶茶，属微（轻度）发酵茶。

白茶按其鲜叶原料的茶树大小品种来分，有大白和小白。经精制后，花色品种有白毫银针、白牡丹、贡眉、寿眉。除福建外，近年云南省部分产茶区采用白茶工艺制作的"月光白"，色泽黑（叶面）白（叶背茸毛显）分明，品质独特。

（1）白毫银针。白毫银针（图2-9）以大白茶肥壮单芽采制而成。色泽银白，形似针，故称白毫银针。其品质特征为：外形单芽肥壮，满披白毫，香气清芬，滋味鲜醇，汤色清亮。

图2-9　白毫银针

（2）白牡丹。一芽二叶，芽叶连枝，白毫显露，形态自然，形似枯萎的花朵，故名白牡丹。特级茶要求选料细嫩，芽毫多而显壮，色泽灰绿或翠绿，芽毫银白，匀整度好；内质香气鲜爽，滋味清甜浓醇，汤色清澈橙黄。

6. 黑茶的分类及品质特点

黑茶成品有散茶和紧压茶两类，紧压茶属再加工茶。

（1）散装黑茶。散装黑茶也称黑毛茶，主要有湖南省黑毛茶、湖北省老青茶、四川省的做庄茶、广西壮族自治区的六堡散茶、云南省的普洱茶等。鲜叶原料成熟度较高。

黑茶总的品质要求是香味纯和无粗涩气味，汤色橙黄，叶底黄褐或黑褐。以云南普洱茶为例，特级普洱茶的品质特征是：外形条索紧细、匀整，色泽褐润显毫、匀净；内质陈香浓郁，滋味浓醇甘爽，汤色红艳明亮，叶底红褐柔嫩。

（2）紧压黑茶。紧压黑茶是指以黑毛茶为原料，经整理加工后，蒸压制成的各种形状的茶叶。根据压制的形状不同，可分为砖形茶（如茯砖茶、花砖茶、老青砖、米砖茶、云南砖茶等）、枕形茶（如康砖茶和金尖茶）、碗臼形茶（如普洱沱茶）、圆形茶（如饼茶、七子饼茶）等。

其品质要求是外观形状与色泽、内质要符合该茶类应有的规格要求，如成型的茶，外形平整，个体压制紧实或紧结，不起层脱面，压制的花纹清晰，具有该茶类应有的色泽特征，内质要求香味纯正，无酸、馊、霉、异等不正常气味，也无粗、涩等气味。

三、制茶技术

不同的加工工艺，是区分茶叶种类的重要依据。

从茶树上采摘下来的芽叶，称为鲜叶，又称生叶、青叶、茶菁。鲜叶必须经过加工，制成各类茶叶，才适宜饮用和储藏。目前，我国的茶叶制造一般分为两个过程：从鲜叶至半成品，叫做初制，其制成品称为毛茶；毛茶再经过加工处理，称为精制，其成品叫精制茶。下面主要介绍各类茶叶的初制工艺过程。

1. 绿茶的初制工艺

中国是世界绿茶的主产国，中国绿茶产量占世界绿茶总产量的65%左右，出口量占世界贸易量75%左右。由此可见，中国绿茶生产在世界茶叶生产中占有的重要地位。

绿茶按杀青和干燥方式的不同可分为四类，即炒青绿茶、烘青绿茶、晒青绿茶、蒸青绿茶。

绿茶的初制基本工艺：杀青→揉捻→干燥。

（1）杀青。杀青就是用高温钝化鲜叶中酶的活性，从而制止茶多酶类的酶促氧化，以形成绿茶"清汤绿叶"的品质特色。杀青的目的有 3 个方面：其一，利用高温破坏鲜叶中酶的活性，制止酶促氧化，保持固有的绿色，形成绿茶特有的香味和色泽；其二，在高温作用下使鲜叶内的水分发生变化，使鲜叶变柔软，便于揉捻的进行；其三，发散鲜叶青臭气，产生茶香。

杀青方式分蒸青和炒青两种，我国绿茶加工大多采用炒青方法杀青。蒸青是用高温的蒸气来达到杀青的目的。炒青是用锅炒杀青。

（2）揉捻。揉捻是为了使茶叶卷紧成条，形成良好的外形。同时，适当揉破叶细胞，使茶汁流出黏附于叶表面，冲泡时细胞中的物质易浸出，增加茶汤浓度。

（3）干燥。干燥的作用是去除茶叶中多余的水分，固定揉捻后的外形条索，诱发茶叶香气。

绿茶的干燥方法分炒干、烘干与晒干等，炒干的称炒青，烘干的称烘青，晒干的称晒青。由于干燥方法的不同，其成茶品质也各异。烘青绿茶的干燥一般分两次进行，即初干与再干。

炒青绿茶干燥的最后一道工序是辉锅。辉锅的目的是继续整形，使茶条进一步紧结，茶条表面产生均匀的灰绿色。

2. 红茶的初制工艺

红茶是世界上产量和贸易量最大的茶类。

其初制基本工艺：萎凋→揉捻（切）→发酵→干燥。

（1）工夫红茶的初制。

①萎凋：就是将采下的鲜叶摊放，使其丧失去部分水分，叶质变柔软。

萎凋分自然萎凋与萎凋槽萎凋两种。自然萎凋又分为室内萎凋和室外萎凋，是利用温度、湿度和通风条件达到萎凋目的。萎凋槽萎凋是在特制的萎凋槽内进行，通过吹送凉风或热风，加速水分的蒸发。萎凋的要求是均匀、适度。当萎凋叶含水量减少，叶片柔软，叶色由鲜绿变为暗绿，叶面失去光泽，并且有清香，此时即为萎凋适度。

②揉捻：工夫红茶的揉捻作用是破坏叶细胞组织，揉出茶汁，便于萎凋后的鲜叶在酶的作用下进行必要的氧化作用；其次，茶汁溢出，黏于茶叶的表面，增进滋味的浓度；再者，使芽叶紧卷成条，达到工夫红茶外形的规格要求。红茶滋味的浓淡，除品种因素外，在工艺上，取决于揉捻叶的细胞破损程度。

③发酵：发酵是指经过揉捻的叶的化学成分在有氧的情况下氧化变色，形成茶黄素和茶红素，从而形成红茶红叶红汤品质特点的过程。

发酵是在发酵室内进行的。当叶色转变为黄红色或红色，青草气味全部消失，有浓厚的茶香，即可认为发酵适度。

④干燥：干燥的目的是制止酶的活动，停止发酵，使发酵形成的品质固定下来；去除水分到足干，利于成茶储藏；结合去水使在制品塑性变化，缩小体积，进一步发展红茶的特有香气。

红茶干燥一般采用烘干机烘干，经毛火—摊凉—足火而成。

干燥程度的掌握，毛火时，以用手握茶有刺手感和梗子不易折断为适度；足火时，以茶梗易折断、叶子用手指捏即成粉末、有浓烈的茶香为适度。

（2）红碎茶的初制。红碎茶是世界上产销量最大的茶类。其初制与红条茶的初制基本相似，其初制工艺分为萎凋、揉切、发酵、干燥4道工序，除揉切工序外，其余均与红条茶初制方法相同，但各工艺的技术指标则不相同。

揉切是红碎茶初制过程中的主要工序之一，由于揉切采用的机具不同，工艺技术亦不相同，产品的外形、内质亦不相同。目前，主要采用C.T.C机加工。

C.T.C机（Crushing 碾碎，Tearing 撕裂，Curling 卷曲）是一种对萎凋叶进行碾碎、撕裂、卷曲的双齿辊揉切机。其优点是时间短，效率高，有利于提高产量和质量。

3. 青茶的初制工艺

青茶又称乌龙茶，其初制工序概括起来可分为：萎凋→摇青→炒青→揉捻→干燥。

（1）萎凋。萎凋的作用是通过光能、热能使鲜叶适度失水，促进酶的活性而引起叶内成分的转化。萎凋的方法有晾青、晒青、加温萎凋和人控条件萎凋4种。

（2）摇青。摇青是将经晒青萎凋后的鲜叶置于水筛上或摇青机内，通过机械能作用，促使叶缘受到摩擦，细胞组织破损，茶多酚物质发生酶性氧化和缩合，使这一部分叶子变红。

摇青是形成青茶品质特征的重要工艺。

（3）炒青。炒青是利用高温破坏酶的活力，停止发酵作用，防止叶子继续变红，固定摇青形成的品质。另外，炒青蒸发一部分水分，使叶质柔软，适于揉捻。

（4）揉捻。揉捻是将炒青叶，经过反复搓揉，使叶片由片状而卷成条索，形成青茶所需的外形；同时，破损叶细胞，使茶汁黏附叶表，以增浓茶汤。

（5）干燥（烘焙和包揉）。烘焙即干燥，是为了抑制酶氧化，蒸发水分和软化叶子，并通过热化作用消除苦涩味、发展香气，促使滋味醇厚的工艺流程。

包揉是闽南乌龙茶的加工工艺。包揉的作用主要是塑形。包揉又分初包揉和复包揉。初包揉时，用白细布将初焙的茶坯趁热包裹，进行包揉，运用揉、搓、压、抓的手法，使茶叶在包中转动，揉至卷曲成条，3~4分钟即将茶解开散热。复包揉主要是进一步整形，使茶条卷曲紧结，耐于冲泡，其方法是将复焙茶叶，趁热包揉约2分钟即可。

4. 白茶的初制工艺

白茶是我国的特产，因其干茶表面密布白色的茸毛而得名。其品质特征的形成，一是原料多采摘茸毛较多的幼嫩芽叶；二是采取不炒不揉的晾晒烘干工艺。白茶的制造工艺因产地和品种的不同而略有差异，概括起来有两大工艺：萎凋→干燥。

（1）萎凋。白茶的萎凋一般采用自然萎凋和人工萎凋 2 种方式。

（2）干燥。萎凋适度的叶子，品质已基本固定下来，可以采用烘焙或日晒干燥，直到足干为止。

5. 黄茶的初制工艺

黄茶是我国的特有茶类。黄茶的品质特点是黄汤黄叶。

黄茶的初制工序为：杀青→揉捻→闷黄→干燥。

揉捻并非黄茶加工必不可少的工序，如君山银针、蒙顶黄芽就不需揉捻。

（1）杀青。黄茶杀青应掌握"高温杀青，先高后低"的原则，以彻底破坏酶的活性，防止产生红梗红叶和烟焦味。

（2）闷黄。闷黄是制造黄茶的特殊工艺，也是形成黄叶黄汤品质特点的关键工序。闷黄即为茶叶的黄变创造适当的湿热条件，使叶色变黄，香气滋味也随着改变。根据不同的茶叶品种及其制造工艺，闷黄时间也各有长短。

（3）干燥。黄茶的干燥一般采用分次干燥。干燥方法有烘干和炒干 2 种，干燥温度偏低，第一次到七八成干，第二次到足干。

6. 黑茶的初制工艺

黑茶是经过渥堆后发酵的茶类，湖南省安化的黑茶、四川省边茶、广西壮族自治区六堡茶、云南省普洱茶等均属黑茶类，其初制工艺各地略有不同。以云南普洱茶为例，其主要制作工艺为：杀青→揉捻→晒干→发酵→干燥。

（1）杀青。普洱茶杀青前先须摊晾，至含水量降到 70%时再及时杀青。杀青的目的与绿茶相同，破坏酶的活性，使叶内水分蒸发散失，促使叶质变软，便于揉捻。

（2）揉捻。通过揉捻，破坏叶细胞，使茶汁流出，并使叶片紧卷成条。

（3）晒干。日光晒干至含水量不超过10%。晒干后的茶叶称晒青散茶。

（4）发酵。黑茶属于后发酵茶，普遍采用渥堆发酵的方法。渥堆的目的是使揉捻叶在堆积中保持一定的温度和湿度，以便于茶叶充分进行发酵。

普洱茶（熟茶）的采用快速后发酵工艺。茶叶在一定的环境条件下，经微生物、酶和湿热等综合作用，其内含物质发生一系列转化，形成普洱茶独有的品质特征的过程。

（5）干燥。普洱茶与其他茶类的干燥要求有所不同。普洱茶生茶和普洱散茶的含水量需控制在13%以内，普洱茶（熟茶）的含水量需控制在14%以内。

7. 再加工茶类的制造

所谓再加工茶，即以成品茶为原料进一步深加工为新的品种，如花茶、速溶茶、紧压茶等。

（1）花茶的窨制。花茶是中国特有的茶类，它是以经过精制的烘青绿茶为原料，经过窨花而成。花茶也称熏花茶、香花茶、香片。花茶一般依窨制的鲜花而命名，如茉莉花茶、珠兰花茶、玉兰花茶、柚子花茶、玳玳花茶和玫瑰花茶等。也有在花名前加上窨花次数为名的，如单窨、双窨、三窨等。

①花茶的窨制原理：花茶的窨制是将鲜花与茶叶拌和，在静置状态下，茶叶缓慢吸收花香，然后除去花朵，将茶叶烘干而成花茶。花茶加工是利用鲜花吐香和茶叶吸香两个特性，一吐一吸，使茶味花香水乳交融，这是花茶窨制工艺的基本原理。由于鲜花的吐香和茶叶的吸香是缓慢进行的，因此，花茶窨制过程的时间较长。

②花茶窨制工艺：花茶窨制工艺分茶坯处理、鲜花维护、拌

和窨制、通花散热、收堆续窨、转窨或提花、复火摊凉、匀堆装箱等工序。

（2）速溶茶的制造。速溶茶是以成品茶为原料，通过提取、过滤、转溶、浓缩、干燥、包装等工艺处理．加工而成的一种粉状或颗粒状、易溶于水的固体饮料。

20世纪40年代，随着速溶咖啡的发展，在美国首先进行了速溶红茶的试制。到20世纪50年代在美、英等国，速溶茶均已发展成为一种茶叶新品种在市场上销售。我国在20世纪70年代开始试制速溶茶。

（3）紧压茶的压制技术。紧压茶是我国历史悠久的茶类，其历史可以追溯到三国时期。唐代的蒸青饼茶和宋代的龙团凤饼均属紧压茶。其特点是便于运输和储存。紧压茶的压制，过去多用手工操作。如云南省的西双版纳等普洱茶传统产茶区，现在还保留着传统的手工操作。但手工操作劳动强度大，生产效率低，现在大都使用机器操作。

紧压茶的品种很多，但其压制的主要工序基本相似，主要有称茶、蒸茶、装匣、预压、紧压、退匣、干燥等工序。

四、中国的产茶区

中国处在亚热带温带地区，茶区平均分布在北纬18°～37°，东经94°～122°的广阔范围内。包括中国台湾在内，中国有20个省、自治区、直辖市产茶。它们是浙江、福建、安徽、江苏、江西、湖南、湖北、四川、云南、广西壮族自治区、广东、海南、河南、陕西、山东、甘肃、台湾、西藏自治区、上海、重庆。

按照所处的地理位置、生态条件和茶叶生产特点，一般分为4个茶区：江南茶区、华南茶区、西南茶区和江北茶区。

1. 江南茶区

江南茶区（图2-10）是我国茶叶生产最集中的茶区，包括长江中下游以南的浙江、安徽南部、江苏南部、上海、江西、湖南和福建北部等省（市）。这个茶区的年平均气温16~18℃，降水量达1 300~1 800mm，大部分地区生态条件较好，是种茶适宜区域。江南茶区以生产绿茶为主，也生产红茶、乌龙茶、白茶、紧压茶、花茶。

图2-10 江南茶区

2. 华南茶区

华南茶区（图2-11）包括岭南的广东、海南、广西壮族自治区、闽南和台湾等省（区），这个茶区的年平均气温19~

图2-11 华南茶区

20℃，降水量在2 000 mm以上，热量丰富，一年四季几乎都有茶采,是茶树种植的最适宜区,华南茶区以生产红、绿茶为主,也是我国乌龙茶的主产地。

3. 西南茶区

西南茶区(图2-12)是指我国西南高原茶区,包括云南省、贵州省、四川省、重庆省和西藏自治区的一部分地区。这个茶区的年平均气温15~19℃,降水量1 000~1 700mm,是茶树原产地域。区内有我国最古老的茶园和茶树。西南茶区以生产红茶、绿茶和边销紧压茶为主。

图2-12 西南茶区

4. 江北茶区

江北茶区包括长江中下游以北的山东、安徽省北部、江苏省北部、河南省、陕西省和甘肃省南部。这个茶区的年平均气温为14~16℃,年降水量为800~1 100mm,气温较低,降水量偏少,茶树在冬季易遭冻害,产量较低。江北茶区主要生产绿茶。

我国是一个主产绿茶的国家,近年来绿茶产量占总产量的70%左右,所有的产茶省区都生产绿茶,但品质较好的主要分布在江南茶区和江北茶区。西南茶区和华南茶区的云南、海南、广西壮族自治区、广东等省区很适宜于红茶的生产,品质也较好。

我国的乌龙茶主产于福建、台湾、广东 3 个省。茉莉花茶主要产于福建、广西、湖南、四川等省区。紧压茶主产于云南、四川、湖南、湖北、广西壮族自治区等省区。

第三节 茶叶鉴别

茶叶的品质是茶叶生产加工、销售贸易的重要指标。要保证茶叶具有好的品质，必须从产地环境条件、茶种选育、茶园管理、生产加工、包装运输、收藏等方面入手，严格遵守有关生产技术标准。

对茶叶品质的鉴别是一项技术性要求较高的工作，需要具有专门审评技术的评茶人员来完成。作为茶艺人员，必须了解和掌握一些审评的基础知识和技能，才能对茶叶品质有一个基本的认识。

一、茶叶审评方法

茶叶品质的鉴别，目前主要采用感官审评的方法，即通过视觉、嗅觉、味觉和触觉，对茶叶的优次进行评定。

1. 审评项目和审评因子

审评分干评外形和湿评（开汤）内质两项。外形包括条索、整碎、色泽、净度 4 个因子，内质包括汤色、香气、滋味、叶底 4 个因子。审评时，先干评后湿评，确定茶叶品质的项目，鉴别出茶叶品质的优次并确定等级。

（1）外形审评。

①条索，包括嫩度：叶片卷转成条称为条索。条索是各类茶所具有的一定外形规格，它是区别商品茶种类和等级的依据。一般长条形茶评比松紧、弯直、壮瘦、圆扁、轻重，圆形茶评比颗粒的松紧、匀正、轻重、空实，扁形茶则评比是否符合规格以及

平整光滑程度等。

嫩度是外形审评因子的重点，嫩度主要看芽叶比例与叶质老嫩，有无锋苗和毫毛及条索的光亮度。一般来说，嫩度好的茶叶，应符合该茶类规格的外形要求，条索紧结重实，芽毫显露，完整饱满。

②整碎：整碎是指茶叶的完整断碎程度以及拼配的匀整程度，好的茶叶要保持茶叶的自然形态，精制茶要看是否匀称，面张茶是否平伏。

③色泽：色泽是反应茶叶表面的颜色、色的深浅程度，以及光线在茶叶面的反射光亮度。各种茶叶均有其一定的色泽要求，如红茶乌黑油润、绿茶翠绿、乌龙茶青褐色、黑茶黑油色等。

④净度：净度是指茶叶中含夹杂物的程度。净度好的茶叶不含任何夹杂物。

（2）内质审评。

①香气：香气是茶叶冲泡后随水蒸气挥发出来的气味。由于茶类、产地、季节、加工方法的不同，就会形成与这些条件相应的香气。如红茶的甜香、绿茶的清香、乌龙茶的果香或花香、高山茶的嫩香、祁门红茶的砂糖香等。审评香气除辨别香型外，主要比较香气的纯异、高低、长短。香气纯异指香气与茶叶应有的香气是否一致，是否夹杂其他异味，香气高低可用浓、鲜、清、纯、平、粗来区分，香气长短也就是香气的持久性，香高持久是好茶，烟、焦、酸、馊、霉是劣变茶。

②汤色：汤色是茶叶形成的各种水溶物质，溶解于沸水中而反映出来的色泽。汤色在审评过程中变化较快，为了避免色泽的变化，审评中要先看汤色或者嗅香气与看汤色结合进行。汤色审评主要抓住色度、亮度、清度三方面。汤色随茶树品种、鲜叶老嫩、加工方法而变化，但各类茶有其一定的色度要求，如绿茶的黄绿明亮、红茶的红艳明亮、乌龙茶的橙黄明亮、白茶的浅黄明亮等。

③滋味：滋味是评茶人的口感反应。评茶时，首先要区别滋味是否纯正，一般纯正的滋味可以分为浓淡、强弱、鲜爽、醇和几种。不纯正滋味有苦涩、粗青、异味，好的茶叶浓而鲜爽，刺激性强，或者富有收敛性。

④叶底：叶底是冲泡后剩下的茶渣。评定方法是以芽与嫩叶含量的比例和叶质的老嫩度来衡量。芽或嫩叶的含量与鲜叶等级密切相关，一般好的茶叶的叶底，嫩芽叶含量多，质地柔软，色泽明亮均匀一致。

2. 审评要求

感官审评对标准样、环境、设施和人员均有专门的要求。

（1）设立实物标准样。实物标准样茶是鉴别茶叶品质的主要依据。实物标准样一般可分为毛茶标准样、加工标准样和贸易标准样3种。

①毛茶标准样：毛茶标准样是收购毛茶的质量标准。按照茶类不同，有绿茶类、红茶类、乌龙茶类、黑茶类、白茶类、黄茶类等六大类。其中红毛茶、炒青、毛烘青均分为六级十二等，逢双等设样，设6个实物标准样；黄大茶分为三级六等，设3个实物标准样；乌龙茶一般分为五级十等，设一级至四级4个实物标准样；黑毛茶及康南边茶分4个级，设4个实物标准样；六堡茶分为五级十等，设5个实物标准样。

②加工标准样：加工标准样又称加工验收统一标准样或精制茶标准样，是毛茶加工成各种外销、内销、边销成品茶时对样加工，使产品质量规格化的实物依据，也是成品茶交接验收的主要依据。各类茶叶加工标准样按品质分级，级间不设等。

③贸易标准样：贸易标准样又称销售标准样或出口茶标准样，是根据我国外销茶叶的传统风格、市场需要和生产可能，由主管茶叶出口经营部门制订的，是茶叶对外贸易中成交计价和货物交接的实物依据。各类、各花色按品质质量分级，各级均编以

固定号码，即茶号。如特珍特级、特珍一级、特珍二级，分别为41022，9371，937，珠茶特级为3505。

（2）审评环境和设施。审评要求在专门的审评室（图2-13）进行，有专用的审评用具，如审评杯碗、评茶盘、天平、计时器等。此外，因为，水质对茶叶汤色、香气和滋味的影响较大，所以，必须选择符合评茶要求的用水，评茶时水的温度为100℃。

图2-13 茶业感官评审室

3. 大宗茶类的审评方法

（1）绿茶、红茶、黄茶、白茶的审评方法。

①外形审评方法：绿茶、红茶、黄茶、白茶根据其花色品种不同，品质特征也各不相同，进行外形审评时应对照标准样茶，按照审评项目和品质规格进行评比，鉴别出品质的优次和确定等级。

②内质审评方法：内质审评毛茶和精制茶有所不同。

a. 绿茶、红茶、黄茶、白茶、毛茶　取有代表性的样茶4g，放入200mL的审评杯中（茶水比例为1∶50）冲泡5分钟，将茶汤滤入审评碗中，评比内质各因子。

b. 精制绿茶、红茶、黄茶、白茶 取有代表性样茶 3g，放入 150mL 的审评杯中，冲泡 5 分钟后，滤出茶汤，评比内质各因子。

（2）乌龙茶审评方法。

①外形审评方法：对照标准样或成交样逐项评比外形各项因子。

②内质审评方法：混合茶样，取 5g 茶样，置于 110mL 的审评杯中，注满沸水，刮去泡沫，加盖浸泡，待 2 分钟后，闻盖香。然后将茶汤滤入 110mL 的评茶碗中，依次审评其汤色、滋味，每只茶样反复冲泡 3 次，冲泡时间依次为 2 分钟、3 分钟、5 分钟，最后将杯中茶渣移入叶底盘中，评叶底。乌龙茶评审器具如图 2-14 所示。

图 2-14　乌龙茶评审器具

（3）花茶的审评方法。

①外形审评方法：花茶审评除对照各省制订的花茶级型坯标准样评比条索（包括嫩度）、整碎、色泽、净度、叶底各项因子外，应侧重审评香气和滋味。

②内质审评的方法：把样盘里的成品样茶充分拌匀，用"三

指中心取样法"均匀抽取具有代表性的样茶 3g（应拣去花瓣、花柄、花蕊、花蒂、花干等），放入容量 150mL 的审评杯中，用沸水冲泡，盖上杯盖。一般分两次冲泡，第一次 3 分钟，沥出茶汤后，先嗅杯中的香气，次看碗中的汤色，然后尝茶汤的滋味，再进行第二次冲泡，时间 5 分钟。评完香气、汤色、滋味后，把茶渣倒在叶底盘中评叶底。

（4）紧压茶的审评方法。

①外形审评方法：紧压茶外形应对照实物标准样，评定其形状规格、色泽、松紧。其中，分里茶、面茶的个体产品，如青砖茶、紧茶、饼茶、沱茶等先评整个外形的匀整度、松紧度和洒面是否光滑、包心是否外露等，再将个体打开，检视茶梗嫩度，里茶有无霉变及有无非茶类夹杂物等。不分里、面茶的成包（篓）产品，如湘尖茶、六堡茶、方包茶等，先将包内上、中、下部采集的茶样充分混匀，分取试样 100g，置于评茶盘中，评比嫩度、色泽两项。六堡茶加评条索、净度 2 项。

②内质审评方法：将评茶盘中试样充分混匀后称取试样 5g（沱茶、紧茶为 4g），置于 250mL（沱茶、紧茶为 200mL）的审评杯中，沸水冲泡至满，加盖浸泡 10 分钟（其中，茯砖茶 8 分钟，沱茶、紧茶 7 分钟），滤入审评碗中，评比其香气、汤色、滋味、叶底。

二、茶叶的鉴别

日常生活中，人们在购买茶叶时会遇到诸如新茶、陈茶、春茶、夏茶、秋茶等不同的称呼方法。那么，如何进行区分呢？

1. 新茶与陈茶

新茶与陈茶是相对而言的。习惯上，人们将当年春季从茶树上采摘的头几批鲜叶，经加工而成的茶叶，称为新茶，而将上年甚至更长时间采制加工而成的茶叶称为陈茶。

就大部分茶叶来说，新茶与陈茶相比，以新茶为好。新茶的色香味形，都给人以新鲜的感觉。而隔年陈茶，无论是色泽还是滋味，总是比新茶差。这是因为在存放过程中，由于光、热、水、气的作用，茶叶中的内含物质发生缓慢的氧化聚变，使茶叶产生了变化，色、香、味都不如新茶好。

对于新茶与陈茶可从以下几方面进行鉴别。

（1）色泽。一般来说，新茶色泽光鲜润泽，而陈茶枯涩黯褐。这是由于茶叶在储存过程中，受空气中氧气和光的作用，使构成茶叶色泽的一些色素物质发生缓慢地自动分解的结果。如绿茶经储存后，色泽由新茶时的青翠嫩绿逐渐变得枯灰黄绿，茶汤变得黄褐不清。红茶经储存后，由新茶时的乌润变成灰褐。茶汤色泽，如图2-15所示。

图2-15 茶汤色泽

（2）滋味。总的来说，新茶滋味浓醇鲜爽，陈茶滋味淡薄。陈茶经氧化后，使可溶于水的有效成分减少，从而使茶叶滋味由醇厚变得淡薄，同时，鲜爽味减弱。

（3）香气。新茶香气清香，陈茶低浊。在储存过程中，由于香气物质的氧化、缩合和缓慢挥发，使茶叶由清香变得低浊。

值得注意的是，并非所有的茶叶都是新茶比陈茶好。有的茶叶品种适当储存一段时间，品质反而显得更好些。例如，西湖龙井、洞庭碧螺春、莫干黄芽、顾渚紫笋等，如果能在生石灰缸中储放 1~2 个月，新茶中的青草气会消散，清香感增加。又如，盛产于福建省的武夷岩茶，隔年陈茶反而香气馥郁、滋味醇厚；湖南省的黑茶、湖北省的茯砖茶、广西壮族自治区的六堡茶、云南省的普洱茶等，只要存放得当，不仅不会变质，甚至能提高茶叶品质。因此，新茶与陈茶孰好，不能一概而论。

2. 春茶、夏茶和秋茶

茶树新梢一年在春、夏、秋自然萌发 3 次，冬季休眠。故一年可以采茶 3 次，制成的茶叶也称春茶、夏茶、秋茶，以春茶为多，质量也最好。

春茶，是立春至立夏期间采摘加工的茶。春茶有"明前茶""雨前茶""春尾茶"之分。明前茶是指清明节以前生产的春茶，统称早春茶。"明前茶叶是个宝，芽叶细嫩多白毫"，早春茶是一年中最好的茶叶。雨前茶即"谷雨"节以前采制的春茶，又称"春中茶"。"谷雨"至"立夏"所采的茶叶，称"春尾茶"。采摘春茶，如图 2-16 所示。

图 2-16　采摘春茶

夏茶，是立夏后至立秋前采摘加工的茶。

秋茶，是立秋后采摘加工的茶。

由于茶季不同，采制而成的茶叶，其外形和内质有很明显的差异。对绿茶而言，由于春季温度适中，加上茶树经头年秋冬季的休养生息，使得春梢芽叶肥壮，色泽翠绿，叶质柔软，幼嫩芽叶毫毛多；与品质相关的一些有效物质，特别是氨基酸及相应的全氮量和多种维生素富集，不但使绿茶滋味鲜爽，香气浓烈，而且保健作用也佳。因此，春茶，特别是早期春茶往往是一年中绿茶品质最好的。

夏季由于天气炎热，茶树新梢芽叶生长迅速，使得能溶解于茶汤的水浸出物含量相对减少，特别是氨基酸及全氮量的减少，使得茶汤滋味不及春茶鲜爽，香气不如春茶浓烈；相反，由于带苦涩味的花青素、咖啡碱、茶多酚含量比春茶高，不但使紫色芽叶增加，成茶色泽不一，而且滋味较为苦涩。但就红茶品质而言，由于夏茶茶多酚含量较多，对形成更多的红茶色素有利，因此由夏茶采制而成的红茶、干茶和茶汤色泽显得更为红润，滋味也比较强烈。

秋季气候条件介于春夏之间，茶树经春、夏两季生长、采摘，新梢内含物质相对减少，叶张大小不一，叶底发脆，叶色泛黄，茶叶滋味、香气显得比较平和。

春茶、夏茶和秋茶的区分，主要从茶叶的品质特征方面入手。

（1）从茶叶的外形、色泽、香气上加以判断。凡红茶、绿茶条索紧结，珠茶颗粒圆紧；红茶色泽乌润，绿茶色泽绿润；茶叶肥壮重实，或有较多毫毛，且又香气馥郁的，属春茶。凡红茶、绿茶条索松散，珠茶颗粒松泡；红茶色泽红润，绿茶色泽灰暗或乌黑；茶叶轻飘宽大，嫩梗瘦长；香气略带粗老的，属夏茶。凡茶叶大小不一，叶张轻薄瘦小；绿茶色泽黄绿，红茶色泽暗红；且茶叶香气平和的，属秋茶。

另外，还可以结合偶尔夹杂在茶叶中的花、果来判断，如果发现有茶树幼果，且鲜果大小近似绿豆，那么，可以判断为春茶。若茶果大小如同佛珠一般，可以判断为夏茶。到秋茶时，茶树鲜果已差不多有桂圆大小了，一般不易混杂在茶叶中。但7—8月茶树花蕾已经形成，9月开始，又出现开花盛期，因此，凡茶叶中夹杂有花蕾、花朵的，属秋茶。

（2）通过闻香、尝味、看叶底来进一步作出判断。冲泡时，茶叶下沉较快，香气浓烈持久，滋味醇厚；绿茶汤色绿中透黄，红茶汤色红艳显金圈；茶底柔软厚实，正常芽叶多，叶张脉络细密，叶缘锯齿不明显者，为春茶。凡冲泡时，茶叶下沉较慢，香气欠高；绿茶滋味苦涩，汤色青绿，叶底中央有铜绿色芽叶；红茶滋味欠厚带涩，汤色红暗，叶底较红亮（图2-17）；无论红茶还是绿茶，叶底均显得薄而较硬，对夹叶较多，叶脉较粗，叶缘锯齿明显，为夏茶。凡香气不高，滋味淡薄，叶底夹有铜绿色芽叶，叶张大小不一，对夹叶多，叶缘锯齿明显的，属秋茶。

图 2-17　红茶汤色

第四节　茶叶的储藏

茶叶在储存过程中由于空气中的氧气、湿度以及光照、温度的影响，其品质容易发生不良的变化。储存的要求就是尽量避免以上因素对茶叶的影响，保持茶叶的品质特征。大型茶叶仓库，如图2-18所示。

图2-18　大型茶叶仓库

一、影响茶叶变质的环境条件

茶叶变质、陈化是茶叶中各种化学成分氧化、降解、转化的结果，而对它影响最大的环境条件主要是温度、水分、氧气、光线和它们之间的相互作用。

1. 温度

温度越高，茶叶中的化学反应速度越快。实验表明，温度每升高10℃，茶叶色泽褐变的速度要增加3~5倍。如果茶叶在10℃条件以下存放，可以较好地抑制茶叶褐变进程。而能在零下

20℃条件中冷冻储藏，则几乎能完全达到防止陈化变质。

2. 水分

当茶叶水分含量在3%左右时，茶叶成分与水分子几乎呈单层分子关系。因此，可以较好地把脂质与空气中的氧分子隔离开来，阻止脂质的氧化变质。但当含量超过这一水平后，水分就会起溶剂的作用。当茶叶中水分含量超过6%时，会使化学变化变得相当激烈，变质加速。主要表现之一是叶绿素会迅速降解，茶多酚自动氧化和酶促氧化、进一步聚合成高分子的进程大大加快，尤其是色泽变质的速度呈直线上升。

3. 氧气

氧几乎能与所有元素相化合，而使之成为氧化物。茶叶中儿茶素的自动氧化，维生素C的氧化，茶多酚残留酶催化的茶多酚氧化以及茶黄素、茶红素的进一步氧化聚合，均与氧存在有关，脂类氧化产生陈味物质也有氧的直接参与和作用。

4. 光线

光的本质是一种能量。光线照射可以提高整个体系的能量水平，对茶叶储藏产生极为不利的影响，加速了各种化学反应。光能促进植物色素或脂质的氧化，特别是叶绿素易受光的照射而褪色，其中，紫外线又显得更为明显。此外，光线还会增加茶叶中的陈味成分。

二、储存茶叶的方法

家庭选购的茶叶不论是小包装茶还是散装茶，买回后一般不是一次用完，尤其是散装茶应当立即重新包装、储藏。常用的储存方法有以下几种。

1. 冷藏保鲜法

将茶叶密封包装后放入冰箱、冰柜内，注意防止异味污染。

2. 陶罐储茶法

将茶叶用纸包好放入罐内，中间放块状石灰包、硅胶或其他干燥剂，起到去除湿气、保持干燥的作用。用棉花或厚软草纸垫于盖口，以减少空气交换。

3. 罐储法

采用铁听、箱或纸罐，最好是有双层盖子的，这样防潮性能更好，且储藏简单方便。为防止异味，可先将茶叶放入食品用塑料内袋中再装入罐中。

4. 普洱茶的储藏方法

与绝大多数茶叶的储藏都追求保鲜、以防止茶叶氧化的目的不同，普洱茶追求的是加速茶叶氧化。因此，保持储藏环境的通风透光、提供必要的温湿度、防止污染，是普洱茶保存中的特殊要求。

就一般家庭来说，最好将普洱茶存放在通风的环境中，保持空气清新和对流，这有利于茶叶与空气中的氧气结合，发生非酶促自动氧化而加速陈化，防止霉变。

适当的光照能加速普洱茶的陈化。在避免阳光直接照射的条件下，光线能使叶绿素发生光敏氧化降解，使茶叶色泽显著褐变。光线和风的作用，使茶叶陈化加速，逐渐形成普洱茶汤色红浓、滋味甘醇、陈香独特的品质特点。

保持适当的温湿度，才能保证普洱茶的陈化。最好能将普洱茶含水量控制在8%~10%、储藏温度控制在20~25℃。

防止污染，是保证普洱茶品质的重要条件。存放普洱茶的环境一定不能有任何污染。因此，家庭储藏普洱茶，应严格防止油烟、化妆品、药物、卫生球、香料物（如空气清新剂、灭蚊片）等常见气味的污染。有条件的家庭，最好能有专门的储藏室。保存好的藏茶，如图2-19所示。

图 2-19 保存好的藏茶

第三章　茶具知识

第一节　茶具的发展和种类

"工欲善其事，必先利其器。"人们在从事茶艺活动时，不仅讲究茶叶的色、香、味、形，泡茶用水的清、净、甘、冽，还必须具备一套适合的器具。明代许次纾在《茶疏》中说："茶滋于水，水藉乎器，汤成于火，四者相须，缺一则废。"唐代陆羽在《茶经·四之器》中也专门讲到了茶具。可见，我国古人历来很重视泡茶的用具。《茶经》中把采茶、制茶的工具称为"具"，把煮茶、饮茶的工具称为"器"，本章中所说的茶具是指煎煮、品饮茶的各式工具。

一、茶具的发展

在原始社会，我们的祖先最早发现了野生茶树，采集鲜叶，在锅里与其他的野生植物或稻米烹煮成羹汤食用。这可能是茶叶最初被利用的阶段，烹饮方法和器皿都很简单，与其他食物共用木或陶制的碗，一器多用，没有专用的茶具。

茶具这一概念，最早出现于西汉王褒《僮约》中"烹茶尽具"。这其中的"具"是什么样子，质地和用法如何，后人已无法搞清楚。但有一点可以确定，在当时，饮茶已有了专用器皿。从西汉到唐代，随着饮茶区域的扩大，人们对茶叶功用的认识逐渐增加，促使茶具生产得到了飞跃发展，继陶之后，出现了瓷器，茶具的功能划分越来越细，制作工艺也越来越考究。

到了唐代，朝野上下无不饮茶，茶叶消费增多，促进了各地瓷窑茶具生产的兴盛。据陆羽《茶经·四之器》记载，当时生产瓷茶器的主要地点有越州、岳州、鼎州、婺州、寿州、洪州等，书中还列举了煮茶、饮茶和储茶用具共24件。可见，唐朝时茶具的生产规模已很可观。唐代越窑茶碗，如图3-1所示。

图3-1 唐代越窑茶碗

宋代饮茶，多采用盅或盏，制作工艺比唐朝更加精细多姿。随着我国茶叶加工方法的逐渐改变，宋代以后，已逐渐不加调味饮茶了。民间饮茶大多不用碗而用盏，盏是一种小型茶碗，敞口小底，有黑釉、酱釉、青白釉及白釉等多种，是斗茶品评的重要茶具。当时，烧瓷技术又有了很大的提高，在全国形成了官、哥、汝、定、钧五大名窑，各生产不同风格的瓷器。官窑在杭州，哥窑在浙江龙泉，汝窑在河南临汝，定窑在河北曲阳，钧窑在河南禹县（古名钧州）。在宋代，茶具材料除了陶瓷外，也有用金银质地的。宋代黑釉建盏，如图3-2所示，宋代广元窑玳瑁盏，如图 3-3 所示，宋代茶具图（包括茶盘、茶筅、分茶罐、水注、温水盘、茶碗、水方、水勺 8 项），如图 3-4 所示。

图 3-2　宋代黑釉建盏

图 3-3　宋代广元窑玳瑁盏

图 3-4　宋代茶具

　　元代的青花瓷茶具声名鹊起，在白瓷上缀以青色纹饰，大改传统瓷器含蓄内敛的风格，有鲜明的视觉效果，既典雅、又丰富，清丽恬静，深受饮茶人士的推崇。

　　在明代，宜兴紫砂陶与瓷器同时发展，可谓并驾齐驱。"景瓷宜陶"在烧制釉色、造型上都有了极大的革新发展。明代制茶工艺将"蒸青"改为"炒青"，饮茶方式变煮茶为沏泡茶，这样，能够使茶叶的内质淋漓尽致地发挥出来的紫砂陶，因其优异的泡茶功能而被人们认识并很快接受。在后来的历史长河中，紫砂茶具在工匠的巧手中式样不断丰富、艺术性不断增强，最终成为集金石、绘画、书法为一身的极具观赏和实用价值的艺术品，至今不衰。明代宣德宝石僧帽壶如图3-5所示。

图3-5 明代宣德宝石僧帽壶

盖碗在清代颇受宫廷皇室、贵族、文人及大众的钟爱。此种茶碗一式3件，下有托，中有碗，上置盖。盖碗又称"三才碗"。三才者，天、地、人也，蕴含古代哲人"天盖之，地载之，人育之"的道理。

清代以后，除部分少数民族外，茶具慢慢形成了以瓷器和玻璃器为主的局面。

二、茶具的种类

随着时代的进步和人们饮茶方式的变化，茶具的种类也在不断变化。唐代陆羽《茶经·四之器》中记载的储茶、煮茶、饮茶用具有24件之多，而现代盛行于闽粤地区的功夫茶具只有四种，即潮汕风炉、玉书碾、孟臣罐、若琛瓯，喜爱喝花茶的人们所钟爱的盖碗，"三才"一体，更为简练、美观、实用。

中国地域广阔、民族众多，各地居民饮茶习俗不同，所用茶具也各有特色。人们最常使用的茶具有茶壶、茶杯、茶碗、茶盏、杯托、托盘等，它们质地迥异、形式复杂、花色丰富，按材质的不同，主要有以下几个种类。

1. 陶器茶具

陶土器具是新石器时代的重要发明，最初是粗糙的土陶，然后逐步演变为比较坚实的硬陶。中国四大名陶是指宜兴陶、坭兴陶、建水陶、荣昌陶。

陶器中的佼佼者首推宜兴紫砂茶具，早在北宋初期就已经崛起，逐渐成为独树一帜的优秀茶具，并在明代大为流行。紫砂茶具所用的原矿紫砂陶不同于一般陶土，陶泥具有砂性，所制作的陶器内外均不施釉，制品烧成后，主要呈现紫红色，因而被称为紫砂。前人在使用中总结了紫砂壶的七大优点：其一，用以泡茶不失原味，"色香味皆蕴"，使"茶叶越发醇郁芳沁"；其二，壶经久用，即使空壶沸水注入，也有茶味；其三，茶叶不易霉馊变质；其四，耐热性能好，冬天沸水注入，无冷炸之虞，又可文火炖烧；其五，砂壶传热缓慢，使用提携不烫手；其六，壶经久用，反而光泽美观；其七，紫砂泥色多变，耐人寻味。陶器茶具，如图3-6所示。

图3-6　陶器茶具

2. 瓷器茶具

我国茶具最早以陶器为主,再发展为表面敷釉的釉陶。瓷器发明之后,陶制茶具就逐渐为瓷制茶具所替代。江西省景德镇所产的薄胎瓷器素有"白如玉,薄如纸,明如镜,声如磬"的美誉。瓷器茶具可分为白瓷茶具、青瓷茶具和黑瓷茶具等。瓷器茶具,如图 3-7、图 3-8 所示。

图 3-7 盖碗

图 3-8 茶具组合

(1)白瓷茶具。唐代饮茶之风大盛,促进了茶具生产的相应发展，全国有许多地方的瓷业都很兴旺，形成了一批以生产茶具为主的著名窑场。各窑场争美斗奇，相互竞争。据《唐国史补》载，河南省巩县瓷窑在烧制茶具的同时，还塑造了"茶神"陆羽的瓷像，客商每购茶具若干件，即赠送一座瓷像，以招揽生意。其他如河北省任丘的邢窑、浙江省余姚的越窑、湖南省长沙窑、四川省大邑窑，也都产白瓷茶具。白瓷茶具，如图 3-9 所示。

图3-9　白瓷茶具

白瓷，早在唐代就有"假玉器"之称。北宋时，景德窑生产的瓷器质薄光润、白里泛青、雅致悦目，并有影青刻花、印花和褐色点彩装饰。

到元代，景德镇因烧制青花瓷而闻名于世。青花瓷茶具，幽静典雅，不仅为国人所珍爱，也颇受国外人士的青睐。

明朝时，在永乐、宣德青花瓷的基础上，又创造了各种彩瓷，产品造型精巧、胎质细腻、色彩鲜丽、画意生动，在明代嘉靖、万历年间被视同拱璧。明代刘侗、于奕正所著的《帝京景物略》一书中有"成杯一双，值十万钱"之说。

清代各地制瓷名手云集景德镇，制瓷技术又有所创新。雍正时，珐琅彩瓷茶具胎质洁白、通体透明、薄如蛋壳，已达到了纯乎见釉、不见胎骨的完美程度。这种瓷器对着光可以从背面看到胎面上的彩绘纹图，有如"透轻云望明月""隔淡雾看青山"。制作之巧，令人惊叹。

白瓷以江西省景德镇最为著名，福建省德化、河北省唐山、山东省淄博、安徽省祁门的白瓷茶具等也各具特色。

此外，传统的"广彩"茶具也很有特色，其构图花饰严谨，闪烁有光，人物古雅有致，加上施金加彩，宛如千丝万缕的金丝彩线交织于锦缎之上，显示出金碧辉煌、雍容华贵的气派。

（2）青瓷茶具。青瓷茶具自晋代开始发展，那时青瓷的主要产地在浙江省。由于宋代瓷窑的竞争，技术的提高，使得茶具种类增加，出产的茶壶、茶碗、茶盏、茶杯、茶盘等，品种繁多、式样各异、色彩雅丽，风格大不相同。青瓷茶具，如图3-10所示。

图3-10 青瓷茶具

浙江省龙泉青瓷，以"造型古朴挺健，釉色翠青如玉"著称于世，特别是造瓷艺人章生一、章生二兄弟俩的"哥窑""弟窑"，继越窑有发展，学官窑有创新，因而产品质量突飞猛进，无论釉色或造型都达到了极高造诣。因此，"哥窑"被列为五大名窑之一，"弟窑"也被誉为名窑之巨擘。

哥窑瓷胎薄质坚、釉层饱满、色泽静穆，有粉青、翠青、灰青、蟹壳青等，以粉青最为名贵。釉面显现纹片，纹片形状多样，纹片大小相间的，称为"文武片"，有细眼似的称"鱼子纹"，类似冰裂状的称"白坂碎"。这本来是因釉原料收缩系数不同而产生的一种疵病，但人们喜爱它自然、美观，反而成了别具风格的特殊美。它的另一特点是器脚露胎，胎骨如铁，口部釉隐现紫色，因而有"紫口铁脚"之称。

从宋代起，龙泉青瓷不仅是国内畅销产品，也已成为重要出口商品。哥窑的青瓷茶具于16世纪首次运销欧洲市场，立即引起人们的极大兴趣。

（3）黑窑茶具。宋代福建斗茶之风盛行，斗茶者们根据经验认为建安窑所产的黑瓷茶盏用来斗茶最为适宜。浙江省余姚、德清一带也曾出产过漆黑光亮、美观实用的黑釉瓷茶具，最流行的是一种鸡头壶，即茶壶的嘴呈鸡头状，日本东京国立博物馆至今还存有一件，名为"天鸡壶"，被视作珍宝。

3. 漆器茶具

漆器茶具始于清代，主要产于福建省福州一带。福州生产的漆器茶具多姿多彩，有宝砂闪光、金丝玛瑙、釉变金丝、仿古瓷、雕填、高雕和嵌白银等品种，特别是创造了红如宝石的赤金砂和暗花等新工艺，更加鲜丽夺目，惹人喜爱。

4. 玻璃茶具

玻璃质地透明，光泽夺目，外形可塑性大，形态各异，用途广泛。玻璃杯晶莹剔透，用其泡茶犹如动态的艺术欣赏，细嫩柔软的茶叶在整个冲泡过程中上下翻动，叶片逐渐舒展，芽叶朵朵、亭亭玉立，杯中轻雾缥缈、澄清碧绿，观之赏心悦目，别有风趣。玻璃茶具，如图3-11所示。

图3-11　玻璃茶具

按玻璃茶具的加工分类，有价廉物美的普通烧铸玻璃茶具和价格昂贵华丽的刻花玻璃（俗称水晶玻璃）2种。玻璃茶具的品种大多为杯、盘、瓶制品，如直筒玻璃杯、玻璃煮水器、玻璃公道杯、玻璃茶壶、玻璃飘逸杯、玻璃盖碗、玻璃品茗杯等；目前，玻璃茶具的制造者又结合市场的需求，开发出了玻璃闻香杯、小品杯、玻璃同心杯等品种，丰富了玻璃茶具的种类。

玻璃茶具的缺点是质地坚脆，易裂易碎，比陶瓷茶具烫手。不过现代科学技术已能将普通玻璃经过热处理，改变玻璃分子的排列，制成有弹性、耐冲击、热稳定性好的钢化玻璃，使茶具性能大为改善。

5. 金属茶具

我国历来也有用金、银、铜、锡等金属制作的茶具。对于用金属器皿作为泡茶用具，行家评价并不高。明代张谦德所著《茶经》就把瓷质茶具列为上等，金、银壶次之，铜、锡壶则属下等，为斗茶行家所不屑采用。但铜、锡茶具不易破碎，且金银造价较昂贵，一般老百姓无法使用，所以，民间多半用铜、锡代替。铜茶壶，如图3-12所示。时至今日铜、锡茶具也多用于泡茶辅助用具，如制成茶叶罐，有密封、防潮、防氧化、防光、防异味的效果，或是做成煮水器、茶则、茶匙等。到了现代，很多人为了追求古风，开始时兴用金银来做成主要泡茶用具或煮水用具。

图 3-12　铜茶壶

用金银制成的饮茶用具，按质地分类，以银为质地者称银茶具，以金为质地者称金茶具，银质而外饰金箔或鎏金称饰金茶具。金银延展性强、耐腐蚀，又有美丽色彩和光泽，故制作极为精致，价值很高，多为富贵之家使用或作供奉之品。

从出土文物考证，茶具从金银器皿中分化出来约在中唐前后。我国于1987年5月在陕西省皇家佛教寺院法门寺的地宫中发掘出一套晚唐僖宗皇帝李儇少年时使用的银质鎏金烹茶用具，计11种12件，反映出唐代皇室饮茶十分奢华。这是迄今见到的最高级的古茶具实物，距今已有1 000多年历史，堪称国宝。唐代金银茶具多为帝王富贵之家使用。宋代金银器有进一步发展，酒肆、妓馆及上层庶民也有使用。宋代崇尚金银茶具，宋代蔡襄《茶录》载："茶匙要重，击拂有力，黄金为上。"又说："汤瓶黄金为上。"明代的金银制品技术较少创新，但帝王陵墓出土的文物却精美无比，定陵出土的万历皇帝用玉碗、碗盖及托均为纯金鏨刻而成。清代金银器工艺空前发展，皇家茶具更为普遍。据史料记载，太监曾用玉碗、金托、金盖的茶具在御前伺候慈禧太后。由于金银贵重，现代生活中极少使用金银茶具。

除金银茶具外，还有其他材质的金属茶具如下。

（1）锡茶具。用锡制成的饮茶用具。采用高纯精锡，经熔化、下料、车光、绘图、刻字雕花、打磨等多道工序制成。精锡刚中带柔，密封性能好，延展性强，所制茶具多为储茶用的茶叶罐。其形式多样，有鼎币形、长方形、圆筒形及其他异形，大多产自中国云南、江西、江苏等省。人们历来对锡制茶具看法不一。明代屠隆《考盘余事》载："铜铁铅锡，腥苦且涩。"张谦德《茶经》载："铜锡生锈，不入用。"皆反对用锡制茶具。冯可宾《芥茶笺》云："近有以夹口锡器储茶者，更燥更密，盖瓷坛犹有微隙透风，不如锡者坚固也。"主张锡罐储茶。但因锡壶盛茶水有异味，后人罕见使用。

（2）镶锡茶具。属工艺茶具。清代康熙年间由山东省烟台民间艺匠创制。用高纯度的熔锡模铸雏形，经人工精磨细雕，包装在紫砂陶制茶具或着色釉瓷茶具外表。装饰图案多为松竹梅花、飞禽走兽。具有金属光泽的锡浮雕与深色的器坯对比强烈，富有民族工艺特色。镶锡茶具大多为组合型，由一壶四杯和一茶盘组成。壶的镶锡外表装饰考究，流、把的锡饰华丽富贵。镶锡茶具主要产自山东省烟台，是当地传统工艺品，江苏省等地也有少量生产。

（3）铜茶具。铜制饮茶用具。以白铜为上，少锈味，器型以壶为主。3 000年前中国已有铜器，但因铜器易生锈气，损茶味，故很少应用。至清代才因国外传入而流行铜茶壶。北京市、天津市传统小吃茶汤即用大铜壶煮水冲泡而成的，在四川省等地，用长嘴铜壶沏泡盖碗茶的情景时常可见，云南省撒尼族人将茶投入铜壶，煮好的茶即称"铜壶茶"。

（4）景泰蓝茶具。景泰蓝茶具亦称"铜胎掐丝珐琅茶具"，北京著名的特种工艺。用铜胎制成，少有金银制品。一说始于唐代，一说始于明代。通过掐丝、点蓝、烧蓝、磨光、镀金等多种工序制作而成。因其蓝色珐琅烧著名，且流行于明代景泰年间，故得此名。此类茶具大多为盖碗、盏托等，制作精细，花纹繁缛，内壁光洁，蓝光闪烁，气派华贵。

（5）不锈钢茶具。用不锈钢制成的饮茶用具。其材料是含铬量不低于12%的合金钢，能抵抗大气中酸、碱、盐的腐蚀。外表光洁明亮，造型规整有现代感。其传热快、不透气，多用作旅游用品，如保温水壶、双层保温杯等。现代茶具中，最有代表性的不锈钢茶具应属电热壶（也称"随手泡"），是专门为泡茶设计的煮水器，一般有温度自动控制和人工控制2种功能，深受广大茶艺爱好者和茶艺馆的喜爱。

6. 竹木茶具

南于竹木茶具价廉物美、经济实惠，在我国历史上，广大农村，包括产茶区。很多使用竹或木碗泡茶，至于用木罐、竹罐装茶，更是随处可见。竹木茶具，如图3-13所示。

现代人崇尚返璞归真，对可塑性强，易于加工的竹木茶具更加偏爱，如较珍贵的木材，再赋予能工巧匠雕琢，即可成为极具观赏性和收藏价值的艺术品。用竹木材质加工的茶具有茶盘、茶碗、杯盘、茶则、茶夹、茶针、茶叶罐等。

图 3-13　竹木茶具

第二节　瓷器茶具

一、瓷器茶具发展历史

瓷器是中国古代伟大的发明。我国陶瓷业界普遍认为，在3 000多年前的商代已出现了原始青瓷，成熟的青瓷烧制工艺当出自东汉，其依据是在浙江省的上虞、宁波、慈溪、永嘉等地发现的东汉瓷窑遗址以及在华东、华中各省的东汉墓葬中出土的青瓷器。此后，在三国两晋南北朝时期的360多年间，南方的青瓷生产突飞猛进。

瓷土（高岭土）是瓷器的胎料，含铁量一般在3%以下，比陶土的含铁量低。其烧成温度比陶土高，约在1 200℃。胎体坚固密致，断面基本不吸水，敲击时有清脆的金属声音。

在出土的商代原始青瓷器中尚未发现碗，只有罐。经1000多年的发展，到春秋战国时有了碗、盘、钵、盂、壶等。而在中国文字史上第一次出现"瓷"字，是在晋代吕忱的《字林》一书中。晋代人们已经用瓷器具饮茶了。在同一时期，黑瓷也在浙江省德清兴起，远销四川省。除了日用杯、碗以外，器形从矮胖向高瘦发展，并在单色中饰以褐彩，开始了装饰。到公元 581 年，隋统一全国，结束了南北对峙几百年的战乱局面。尤其是大运河的开凿，使得南方的茶叶源源北上，人们对瓷器茶具的需求也日益增长。隋朝出现了瓷的匣钵烧造，摒弃了叠火烧造中黏附沙粒、釉色不纯等弊病，又利用印花、刻花技术提高了瓷器质量。虽然隋朝仅存在 38 年，但隋朝南北瓷业飞速发展，各种花色、风格、样式的瓷器开始丰富，出现了"南青北白"（南方越窑青瓷与北方邢窑白瓷），在中国瓷史上起着承前启后的作用。

"秘色瓷"，是五代吴越国钱氏朝廷命令越窑烧造供奉，庶民不得使用的瓷器。从陕西省法门寺塔唐代地宫中发掘出的 16 件越窑青瓷，可以印证在唐、五代及宋代文献中屡现的"秘色越器"记载。同时，出土的五代越瓷中还有用金银装饰的。

我国宋代上层社会的饮茶方法、口味有了些改变，一是不在茶中加进盐、姜等作料；二是由饮江南的细芽茶改为品饮产于福建武夷山一带的岩茶。把一种加工成半发酵的膏饼茶碾成细末，先注汤调匀，再加初沸的水点注，茶汤表面泛起一层白色的泡沫。先斗色，以色白为贵，又以青白胜黄白；其次斗水痕，以茶汤先在茶盏周围沾染一圈，有水痕者为负。这就要求茶具是黑色的，建窑的兔毫盏便由此声名鹊起。同时代还有江西吉州（今吉安永和镇）永和窑产的黑釉瓷，在装饰上有风格独具的木叶、剪纸贴花等。

元朝灭南宋统一中国后，设"浮梁瓷局"，免除了技能高的官匠的其他差役，并允许其职业世袭。这对景德镇瓷业的发展起了很重要的作用。元代青花瓷大致可分为两类：一类为削减器物，胎子轻薄，不甚精细，多为清白、乳白，半透明或影青釉；另一类以大件器物为多，其特征是形大、胎厚、体重，画面层次多、繁而不乱，而且题材极为广泛。釉里红和卵白釉瓷是元瓷的创新造，前者器型多为瓶、罐类，后者则有碗、盘、高足碗，最典型的是一种小足、平底、敞口、浅腹的折腰碗，其内壁多印"枢府"二字，这种碗是茶具。这一时期的瓷窑有钧窑、磁州窑、龙泉窑、德化窑、霍窑等。

1368 年，明王朝开国。在元代的基础上，明王朝把瓷业的工奴制和烧造、管理进一步提高完善。

该时期与茶有关的器具有：压手杯，口平外撇，腹壁较直；自腹壁处内收，腹壁渐厚，握于手中有稳妥凝重之感，故名压手杯。高足碗，碗下有高足；有青釉、卵白釉、青花、釉里红等。宫碗，口沿外撇，腹部宽深，丰圆端正。净水碗，有饼形足、圈足、高足，佛前供茶用。此外，还有孔明碗、卧足碗、折腰碗、鸡心碗以及各个地区产的壶等。明代青花六棱提梁壶，如图 3-14 所示，明代成化青花花鸟杯，如图 3-15 所示。

图 3-14　明代青花六棱提梁壶

图 3-15　明代成化青花花鸟杯

二、"瓷都"景德镇

说起瓷器茶具，不能不提到景德镇。宋以前景德镇叫新平、昌南。北宋景德年间始置镇，制瓷贡京，器底命陶工书上"景德"二字。自此，景德镇再未改名。

景德镇制瓷历史悠久，所产瓷器品质优良，以"白如玉、明如镜、薄如纸、声如磬"享誉中外，因而千百年来有中国"瓷都"之称。

据文献资料记载，景德镇制瓷历史可追溯到东汉时期，当时生产的是陶瓷，至今有 1 700 年历史。六朝时期，景德镇瓷业已进入瓷器阶段，到了唐代，景德镇瓷业工人掌握了高火度烧造瓷器的技术，所制瓷器"莹缜如玉"，被誉为"假玉器"，应诏贡献于宫廷。

真正奠定景德镇瓷都地位是在宋代。当时，大江南北名窑林立，而景德镇瓷器在胎质、造型、釉色、制作等方面更胜一筹，其代表影青瓷造型秀美、胎质细腻、体薄透光、釉色似玉，达到了时代的高峰。由于北方战乱，北方诸名窑相继衰落，宋室南迁之后，瓷业精华逐步向景德镇集中，其工艺水平又有很大提高，景德镇瓷业生产规模也越来越大。据说，当时有窑 300 余座，进入鼎盛时期。

元代是景德镇制瓷史上的一个创新时期，其成就主要表现在青花白瓷和釉里红瓷的创制成功，把瓷器装饰推进到釉下彩的新阶段。

青花瓷，是用青花色料在瓷胎上作画，然后罩上一层透明釉，经高温烧制而成。花纹呈蓝色，在洁白胎体的衬托下，有明净素雅之感。由于花饰在釉下，因而永不褪色。釉里红瓷，在釉下呈现红色花纹，具有宝石般的富丽感，与青花一样，也是一次烧成。如果将釉里红色料与青花色料一同绘制在瓷坯上，所制瓷器就称"青花釉里红"，画面别有风韵，被誉为"人间瑰宝"。

明代"天下窑器所聚"，景德镇以多品种、多釉、多彩的姿态取得了卓越的成就，已成为全国制瓷业的中心。景德镇出产的青花瓷器，成为全国瓷器生产的主流。与此同时，景德镇的能工巧匠创制成功了釉上五彩瓷器，开创了瓷器装饰釉上彩的新纪元，明永乐、宣德时期还烧成了铜红釉和其他单色釉瓷。景德镇作为瓷都，在规模、工艺和产品质量上都在全国独占鳌头，在国内外市场获得极高声望。

清代康熙、雍正、乾隆三朝，是景德镇瓷器生产的高峰期。虽然瓷器生产遍及各地，但景德镇始终代表着同时代的最高制瓷水平。清代景德镇瓷器生产在前代基础上又有创新和发展。青花色彩更鲜艳纯净，釉上五彩更加丰富明丽，同时，创制了很多名贵新品种。

粉彩是清代发展起来的一种低温彩瓷工艺，是在五彩基础上吸收珐琅制作工艺创制成功的。粉彩瓷色彩柔和丰富，技法多变，既可工笔勾画，又可挥洒写意，深为欣赏者喜爱。珐琅彩运用珐琅装饰瓷器，结合绘画、书法艺术，体现了古代景德镇瓷工的卓越才智。

总之，清代景德镇瓷业空前繁荣，技艺水平冠绝一时，生产规模也是前所未有。当时，景德镇人口逾 10 万人，街长 10km，窑户密集，商贾如云，是瓷业生产的黄金时代。

第三节　紫砂茶具

一、紫砂茶具发展历史

备受人们喜爱的紫砂茶具产于我国江苏省宜兴市丁蜀镇（古时称"阳羡"），"人间珠宝何足取，岂如阳羡溪头一丸泥"的赞誉道出了紫砂陶的珍贵。

宜兴市位于江苏省太湖西滨，南北分别与浙江省的长兴县和江苏省的常州市相邻，境内山岭起伏、河流纵横，盛产陶器，有陶都之称。早在4 000年前，这里的原始居民就掌握了制陶技术。

从宜兴发现的新石器时期的文化遗址中，发掘出大量的夹砂红陶、泥质红陶、白衣黑陶和灰陶的碎片。器皿的成型方法基本上是手制的，在较晚的泥质红陶上面可以看到简单的方格纹。从商周时代遗址发掘的文物中已发现钵、盆、壶等器型的盛储器皿。其中，夹砂红陶均由手工制作，保留着简单粗糙的纹样。黑陶和灰陶多为轮制，器形匀整，并施以雕刻、镂空等新型装饰。这时火候较高的褐色陶也已烧成。褐色陶胎质坚硬，在烧制技术上，可能已从敞口烧进步到封闭烧，窑腔温度提高到100℃左右。到此，制陶技术已经进入成熟阶段。

尽管宜兴地区有着数千年的制陶历史，但对于紫砂茶具究竟何时起源，何时形成一套独立完整的制作方法和体系却有多种说法。据说春秋时代的越国大夫范蠡是紫砂鼻祖，已有2 400多年的历史。而流传最广的就属金沙寺僧人与供春制壶的故事了。相传明代时宜兴丁蜀镇西南十几里的地方有个金沙寺，金沙寺老僧智静善于炼土，身怀制壶绝技，平日闲静有致，平心静气，将泥手捏成胎，用工具规车做成圆，然后掏空胎体中部，加上口盖，黏结上壶嘴和壶把、放在窑中烧成后自用。智静老僧制的壶，技法精巧、造型不俗，但他愤世嫉俗、性情孤僻，绝技不肯传人。当地有个叫吴颐山的书生在寺中借读，他的书童名叫供春。一日，供春偶见老僧制壶，便悄悄观看。天长日久，老僧制壶的方法被供春看在眼里、记在心头，闲暇时他用老僧洗手后沉淀在缸底的废泥，徒手捏成一把小茶壶。这把茶壶外形十分奇特，是供春以寺旁白果树的树瘤为鉴而制。其取法自然，意似"树瘤"，显得分外质朴古雅，烧成后砂质温润，令人喜爱，比老僧所制还略胜一筹。从此，供春便开始制壶，制壶方法也在当地流传开来，以后人们也将泥料沉淀以后使用。供春所制的壶被称为"供春壶"，成了历史名壶，流传至今。明代供春小壶，如图3-16所示。

图3-16　明代供春小壶

供春制壶的故事流传了数百年，然而紫砂成型技术的传统方法绝非偶然得之，紫砂制造的起源也不是从金沙寺僧人和供春才开始的，它是经过历代能工巧匠辛勤劳作，揣摩实践总结出的工艺精华。有学者推论，紫砂茶具的起源应在北宋，主要依据是当时的一些文学作品，特别是北宋进士梅尧臣在《宛陵先生文集》中有一首诗："天子岁尝龙焙茶，茶官摧摘雨前芽。团香已入中都府，斗品争传太傅家。小石冷泉留早味，紫泥新品泛春华。吴中内史才多少，从此莼羹不足夸"。

明清时期，随着饮茶方法的转变，紫砂也迎来了发展的高峰期。明代开始废除饼茶，而普遍饮用与现在的炒青绿茶相似的芽茶，饮茶的方法也一改煎煮为冲泡，逐渐形成用紫砂茶壶或瓷茶壶冲泡茶叶的风尚。这种饮茶方式的改变，也促进了茶壶的发展。清代康熙宜兴胎珐琅彩花卉壶，如图3-17所示。

紫砂色泽含蓄温雅，具有高贵的气质，与文人的清雅气质相吻合，因而备受青睐。许多文人雅士竞相收藏，并且参与制作，相传现在被人们熟知的"东坡提梁大壶"就是当年苏东坡设计的。

图3-17 清代康熙宜兴胎珐琅彩花卉壶

明清时许多著名文人都参与了紫砂壶的制作和书画。如董其昌、郑板桥、陈鸿寿、陈继儒等。这其中要首举清代金石书画家陈鸿寿（曼生），是他推动了在紫砂茶壶上题铭画刻之方法，极大地提高了紫砂陶的艺术和文化品位，将这种实用手工艺品演化成具有很高欣赏价值的实用艺术品。

文人参与紫砂壶的制作，对紫砂陶的发展产生了极大的推进作用。不少文人在定做紫砂壶或提供图样后，不仅提出自己的看法和意见，甚至还亲自监制。他们的喜好意趣对制壶工匠潜移默化，提高了他们的审美和鉴赏水平，特别是有一定文化的工匠受到文人的启发，在创作上展现出新貌。文人与工匠的交往协作，产生了一种商品化的紫砂文化。文人设计或文人和工匠一起制作的紫砂壶的出现和流行，对世俗产生了很大的影响，市民也纷纷附庸风雅，具有文化色彩的商品茶壶大量面市。进一步推动了紫砂壶艺的发展，并使这种实用工艺品跃上更高的台阶。

二、紫砂茶具名家

为宜兴紫砂茶具作出过重大贡献的人物很多，对茶艺初学者来说，至少应该记住下列几位壶艺家的名字。

1. 供（龚）春

供（龚）春（1506—1566 年），是明代官吏吴仕（号颐山）的书童。他所制的树瘤壶，据说是仿造寺里一棵白果树上的树瘤制成的，其形状古朴、生动逼真，受到好评。几年之后，供春就成了制壶名家，他的作品成为收藏对象。明代文震亨的《长物志》在"茶壶茶盏"条中就指出紫砂壶以"供春最贵"。供春是紫砂壶历史上第一个留下名字的壶艺家。供春款六瓣圆囊壶，如图 3-18 所示。

图 3-18　供春款六瓣圆囊壶

2. 时大彬

时大彬（1573—1648 年），字少山，宋尚书时彦的裔孙，时朋之子，他是供春之后影响最大的壶艺家。众多吟咏陶壶的诗人都把他和供春并论。陈维崧《赠高侍读澹人以宜兴壶二器，并系以诗》有："宜壶作者推龚春，同时高手时大彬。"又有吴省钦《论瓷绝句》云："宜兴妙手数供春，后辈还推时大彬。"明代时大彬僧帽壶，如图 3-19 所示。

徐喈凤《重刊宜兴县志》云"供春制茶壶，款式不一……

继如时大彬益加精巧，价愈腾"，也是同样看法。总之，时大彬在紫砂工艺史上有着极高的地位，是紫砂壶史上的一代宗匠。

李仲芳和徐友泉是时大彬许多学生中的突出代表，在陶业中，"紫砂三大妙手"即指时大彬、李仲芳、徐友泉师生3人。

图3-19 明代时大彬僧帽壶

3. 李仲芳

李仲芳是时大彬门下的第一高徒，师承家学，深深熏染了这个青年艺人。大彬风格，"敦雅古穆"，而后人评论李仲芳"以文巧相竞"。

4. 徐友泉

徐友泉，名士衡，本非陶家子弟，师从时大彬后，精究壶艺，对壶泥色彩和茗壶式样进行了较多创新。吴梅鼎《阳羡茗壶赋》云："若夫综古今而合度，极变化以从心，技而进乎道者，其友泉徐子乎！"把徐友泉称作多变化、集大成的一代宗匠，可谓推崇备至。

徐友泉不仅一时被人称重，到了后世，还有人把他和他的老

师并称。但徐友泉晚年常自叹道："吾之精，终不及时之粗。"

5. 惠孟臣

惠孟臣的作品小壶多，中壶少，大壶罕见。所制紫砂壶大者浑朴、小者精妙，是时大彬之后的一位名家。

6. 陈鸣远

陈鸣远，号鹤峰，又号石霞山人、壶隐，是时大彬之后最有影响的壶艺家。除茗壶以外，陈鸣远还善制作杯、瓶、盒及各式瓜果造型的器具，如束柴三友壶、伏蝉叶形碟、葫芦水洗、包袱壶等。这些创作为紫砂工艺扩大了领域，使之逐步形成了一个完整的工艺体系。清代陈鸣远束柴三友壶和包袱壶，如图3-20和图3-21所示。

图3-20　清代陈鸣远束柴三友壶

图3-21　清代陈鸣远包袱壶

7. 杨彭年

杨彭年是清代嘉庆时期制壶名家，其壶随意天成，有天然风致。尤其是与宜兴附近的溧阳县宰陈鸿寿合作，创作"曼生壶"，壶面上镌刻书画铭款，开创了紫砂壶造型与书法、绘画、诗文、篆刻相结合的创作手法，将紫砂壶艺导入了一个新的境界。

8. 陈鸿寿

陈鸿寿（1768—1822 年），号曼生，浙江钱塘人，精通文学、书画、篆刻，在宜兴任过 3 年县宰，喜爱紫砂，曾手绘十八壶式，请杨彭年及其弟妹按式制作。所制壶底多钤"阿曼陀室"铭款，把下有"彭年"印章。他们合作署名的茗壶以"曼生壶"见称于世。陈鸿寿虽然本人不是制壶名家，但他开创了将紫砂茗壶与诗书画印艺术相结合的风气，对紫砂壶的发展，对宜兴陶业的振兴，都有很大的贡献。

9. 邵大亨

邵大亨（1796—1861 年），是清末道光、咸丰年间的制壶名家。所制鱼化龙壶，以龙头作壶上的钮，龙头和舌头都能活动。其传世作品构思巧妙、工艺精美，线条饱满流畅，非一般陶工可比。

10. 顾景洲

顾景洲（1913—1996 年），又名景舟，为现代最著名的紫砂壶大师，是位学者型的陶艺家，中国知名的现代壶艺名家多半出自他的门下，被尊称为"壶艺泰斗""一代宗师"。顾景洲技艺全面，各类造型的紫砂壶作品均极精致，他尤其擅长造型简练的形制，浑朴儒雅，周正含蓄。作品的线条干净利落、挺括沉稳。即使普通的低档款式，一经他手，神韵格调即可不同凡响。他年逾古稀之后，每有新作精品问世，均为海内外收藏家竞相求觅。

第四章 品茗用水

"水为茶之母,器为茶之父""龙井茶,虎跑水"被称为杭州"双绝"。可见用什么水泡茶,对茶的冲泡及效果起着十分重要的作用。

水是茶叶滋味和内含有益成分的载体,茶的色、香、味和各种营养保健物质,都要溶于水后,才能供人享用。而且水能直接影响茶质,清人张大复在《梅花草堂笔谈》中说:"茶情必发于水,八分之茶,遇十分之水,茶亦十分矣;八分之水,试十分之茶,茶只八分耳。"因此,好茶必须配以好水。

第一节 品茗用水的选择

一、古代人对泡茶用水的看法

最早提出水标准的是宋徽宗赵佶,他在《大观茶论》中写道:"水以清、轻、甘、冽为美。轻甘乃水之自然,独为难得。"后人在他提出的"清、轻、甘、冽"的基础上又增加了个"活"字。

古人大多选用天然的活水,最好是泉水、山溪水;无污染的雨水、雪水其次;接着是清洁的江、河、湖、深井中的活水及净化的自来水,切不可使用池塘死水。唐代陆羽在《茶经》中指出:"其水,用山水上,江水中,井水下。其山水,拣乳泉石池漫流者上，其瀑涌湍漱勿食之。"是说用不同的水，冲泡茶叶的结果是不一样的，只有佳茗配美泉，才能体现出茶的真味。

二、现代茶人对泡茶用水的看法

认为"清、轻、甘、冽、活"5项指标俱全的水，才称得上宜茶美水。

其一，水质要清。水清则无杂、无色、透明、无沉淀物，最能显出茶的本色。

其二，水体要轻，北京玉泉山的玉泉水比重最轻，故被御封为"天下第一泉"。现代科学也证明了这一理论是正确的。水的比重越大，说明溶解的矿物质越多功能。有实验结果表明，当水中的低价铁超过 0.1mg/L 时，茶汤发暗，滋味变淡；铝含量超过 0.2mg/L 时，茶汤便有明显的苦涩味；钙离子达到 2mg/L 时，茶汤带涩，而达到 4mg/L 时，茶汤变苦；铅离子达到 1mg/L 时，茶汤味涩而苦，且有毒性，所以水以轻为美。

其三，水味要甘。"凡水泉不甘，能损茶味。"所谓水甘，即一入口，舌尖顷刻便会有甜滋滋的美妙感觉。咽下去后，喉中也有甜爽的回味，用这样的水泡茶自然会增茶之美味。

其四，水温要冽。冽即冷寒之意，明代茶人认为："泉不难于清，而难于寒"，"冽则茶味独全"。因为，寒冽之水多出于地层深处的泉脉之中，所受污染少，泡出的茶汤滋味纯正。

其五，水源要活。"流水不腐"现代科学证明了在流动的活水中细菌不易繁殖，同时，活水有自然净化作用，在活水中氧气和二氧化碳等气体的含量较高，泡出的茶汤特别鲜爽可口。

三、我国饮用水的水质标准

1. 感官指标

色度不超过 15 度，浑浊度不超过 5 度，不得有异味、臭味，不得含有肉眼可见物。

2. 化学指标

pH 值为 6.5~8.5，总硬度不高于 25 度，铁不超过 0.3 mg/L，锰不超过 0.1mg/L，铜不超过 1.0mg/L，锌不超过 1.0mg/L，挥发酚类不超过 0.002mg/L，阴离子合成洗涤剂不超过 0.3mg/L。

3. 毒理指标

氟化物不超过 1.0mg/L，适宜浓度 0.5~1.0 mg/L，氰化物不超过 0.05mg/L，砷不超过 0.05mg/L，镉不超过 0.01mg/L，铬（六价）不超过 0.05mg/L，铅不超过 0.05mg/L。

4. 细菌指标

细菌总数不超过 100 个/mL，大肠菌群不超过 3 个/L。

以上 4 个指标，主要是从饮用水最基本的安全和卫生方面考虑，作为泡茶用水，还应考虑各种饮用水内所含的物质成分。

四、泡茶用水

宜茶用水可分为天水、地水、再加工水三大类。再加工水即城市销售的"太空水""纯净水""蒸馏水"等。

1. 自来水

自来水是最常见的生活饮用水，其水源一般来自江、河、湖泊，是属于加工处理后的天然水，为暂时硬水。因其含有用来消毒的氯气等，在水管中滞留较久的，还含有较多的铁质。当水中的铁离子含量超过万分之五时，会使茶汤呈褐色，而氯化物与茶中的多酚类作用，又会使茶汤表面形成一层"锈油"，喝起来有苦涩味。所以，用自来水沏茶，最好用无污染的容器，先贮存一天，待氯气散发后再煮沸沏茶，或者采用净水器将水净化，这样就可成为较好的沏茶用水。

2. 纯净水

纯净水是蒸馏水、太空水的合称，是一种安全无害的软水。

纯净水是以符合生活饮用水卫生标准的水为水源，采用蒸馏法、电解法、逆渗透法及其他适当的加工方法制得，纯度很高，不含任何添加物，可直接饮用的水。用纯净水泡茶，不仅因为净度好、透明度高，沏出的茶汤晶莹透澈，而且香气滋味纯正，无异杂味，鲜醇爽口。市面上纯净水品牌很多，大多数都宜泡茶。其效果还是相当不错的。

3. 矿泉水

我国对饮用天然矿泉水的定义是：从地下深处自然涌出的或经人工开发的、未受污染的地下矿泉水，含有一定量的矿物盐、微量元素或二氧化碳气体，在通常情况下，其化学成分、流量、水温等动态指标在天然波动范围内相对稳定。矿泉水与纯净水相比，矿泉水含有丰富的锂、锶、锌、溴、碘、硒和偏硅酸等多种微量元素，饮用矿泉水有助于人体对这些微量元素的摄入，并调节肌体的酸碱平衡。但饮用矿泉水应因人而异。由于矿泉水的产地不同，其所含微量元素和矿物质成分也不同，不少矿泉水含有较多的钙、镁、钠等金属离子，是永久性硬水，虽然水中含有丰富的营养物质，但用于泡茶效果并不佳。

4. 活性水

活性水包括磁化水、矿化水、高氧水、离子水、自然回归水、生态水等品种。这些水均以自来水为水源，一般经过滤、精制和杀菌、消毒处理制成，具有特定的活性功能，并且有相应的渗透性、扩散性、溶解性、代谢性、排毒性、富氧化和营养性功效。由于各种活性水内含微量元素和矿物质成分各异，如果水质较硬，泡出的茶水品质较差；如果属于暂时硬水，泡出的茶水品质较好。

5. 净化水

通过净化器对自来水进行二次终端过滤处理制得，净化原理和处理工艺一般包括粗滤、活性炭吸附和薄膜过滤等三级系统，能有效地清除自来水管网中的红虫、铁锈、悬浮物等机械成分，降低浊度，达到国家饮用水卫生标准。但是，净水器中的粗滤装置要经常清洗，活性炭也要经常换新，时间一久，净水器内胆易堆积污物，繁殖细菌，形成二次污染。净化水易取得，是经济实惠的优质饮用水，用净化水泡茶，其茶汤品质是相当不错的。

6. 天然水

天然水包括江、河、湖、泉、井及雨水。用这些天然水泡茶应注意水源、环境、气候等因素，判断其洁净程度。对取自天然的水经过滤、臭氧化或其他消毒过程的简单净化处理，既保持了天然又达到洁净，也属天然水之列。在天然水中，泉水是泡茶最理想的水，泉水杂质少、透明度高、污染少，虽属暂时硬水，加热后，呈酸性碳酸盐状态的矿物质被分解，释放出碳酸气，口感特别微妙，泉水煮茶，甘洌清芬具备。然而，由于各种泉水的含盐量及硬度有较大的差异，也并不是所有泉水都是优质的，有些泉水含有硫黄，不能饮用。

江、河、湖水属地表水，含杂质较多，混浊度较高，一般说来，沏茶难以取得较好的效果，但在远离人烟、又是植被生长繁茂之地，污染物较少，这样的江、河、湖水，仍不失为沏茶好水。如浙江省桐庐的富春江水、淳安的千岛湖水、绍兴的鉴湖水就是例证。唐代陆羽在《茶经》中说："其江水，取去人远者"。说的就是这个意思。唐代白居易在诗中说："蜀水寄到但惊新，渭水煎来始觉珍"，认为渭水煎茶很好。唐代李群玉曰："吴瓯湘水绿花"，说湘水煎茶也不差。明代许次纾在《茶疏》中更进一步说："黄河之水，来自天上。浊者土色，澄之即净，香味自发"。言即使浊混的黄河水，只要经澄清处理，同样也能使茶汤香高味醇。这种情况，古代如此，现代也同样如此。

雪水和天落水，古人称为"天泉"，尤其是雪水，更为古人所推崇。唐代白居易的"扫雪煎香茗"，宋代辛弃疾的"细写茶经煮茶雪"，元代谢宗可的"夜扫寒英煮绿尘"，清代曹雪芹的"扫将新雪及时烹"，都是赞美用雪水沏茶的。

至于雨水，一般说来，因时而异：秋雨，天高气爽，空中灰尘少，水味"清冽"，是雨水中上品；梅雨，天气沉闷，阴雨绵绵，水味"甘滑"，较为逊色；夏雨，雷雨阵阵，飞沙走石，水味"走样"，水质不净。但无论是雪水或雨水，只要空气不被污染，与江、河、湖水相比，总是相对洁净，是沏茶的好水。

井水属地下水，悬浮物含量少，透明度较高。但它又多为浅层地下水，特别是城市井水，易受周围环境污染，用来沏茶，有损茶味。所以，若能汲得活水井的水沏茶，同样也能泡得一杯好茶。唐代陆羽《茶经》中说的"井取汲多者"，明代陆树声《煎茶七类》中讲的"井取多汲者，汲多则水活"，说的就是这个意思。明代焦竑的《玉堂丛语》，清代窦光鼐、朱筠的《日下归闻考》中都提到的京城文华殿东大庖井，水质清明，滋味甘冽，曾是明清两代皇宫的饮用水源。福建南安观音井，曾是宋代的斗茶用水，如今犹在。

现代工业的发展导致环境污染，已很少有洁净的天然水了，因此，泡茶只能从实际出发，选用适当的水。

第二节　名水名泉

自古以来就有"名水名泉衬名茶"之说，杭州有"龙井茶，虎跑水"，俗称杭州双绝；"蒙山顶上茶，扬子江心水"，闻名遐迩；"浉河中心水，车云山上茶"，中原闻名。这些都是名水名泉衬名茶之佐证。

由于对泡茶用水的看法和着重点不同，历代茶人对名水名泉的评价也不同，我国泉水资源极为丰富，比较著名的就有百余处之多。其中，镇江金山寺的中泠泉、无锡惠山寺的石泉水、杭州的龙井泉、杭州的虎跑泉和济南的趵突泉被称为中国的五大名泉。

1. 镇江中冷泉

镇江中冷泉被称为扬子江心第一泉（图4-1）。

图4-1　扬子江心第一泉

中冷泉即扬子江南零水，又名中零泉、中濡水，意为大江中心处的一股清冷的泉水。在唐代以后的文献中，又多说为中冷水。古书记载，长江之水至江苏丹徒县金山一带分为三冷，有南冷、北冷、中冷之称，其中，以中冷泉眼涌水最多，便以中冷泉为其统称。中冷泉位于江苏省镇江市金山寺以西约 0.5km 的石弹山下。唐代时，此地处于长江旋涡之中。宋代陆游游金山时留有诗句："铜瓶愁汲中濡水，不见茶山九十翁。"宋初李防等人所编的《太平广记》一书中，就记载了李德裕曾派人到金山汲取中冷水来煎茶。到明清时，金山已成为旅游胜地，人们来这里游览，自然也要品尝一下这天下第一泉。明代陈继儒《偃曝谈余》记载，因为，泉水在江心乱流夹石中，"汲者患之"，但为了满足人们的好奇心，于是寺中僧侣"于山西北下穴一井，以给游客"。

清代的张潮亲自去过金山，并和一位姓张的道士深入江心汲中冷水而品之，后来把此番经历写成《中冷泉记》，不仅内容翔实，文笔也洒脱动人。"但觉清香一片从齿颊间沁人心脾，二三盏后，则薰风满面腋，顿觉尘襟涤尽……味兹泉，则人皆有仙气。"《中冷泉记》是一篇反映古人品茶用水实践的绝好文献。

2. 无锡惠山寺石泉水

惠山寺，在江苏无锡市西郊惠山山麓锡惠公园内。惠山，一名慧山，又名惠泉山。

惠山素有"江南第一山"之誉。无锡惠山，以其名泉佳水著称于天下。最负盛名的是"天下第二泉"（图4-2）。

图4-2 无锡天下第二泉

清碧甘洌的惠山寺泉水，从它开凿之初，就同茶人品泉鉴水紧密联系在一起了。在惠山寺二泉池开凿之前或开凿期间，唐代茶人陆羽正在太湖之滨的长城（今浙江长兴县）顾渚山、义兴（今江苏宜兴市）唐贡山等地茶区进行访茶品泉活动，并多次赴无锡，对惠山进行过考察，曾著有《惠山寺记》。

惠山泉，自从陆羽品为"天下第二泉"之后，已时越千载，盛名不衰。古往今来，这一泓清泉受到多少帝王将相、骚客文人的青睐，无不以一品二泉之水为快。唐代张又新亦曾步陆羽之后尘前来惠山品评二泉之水。在此前，唐代品泉家刘伯刍亦曾将惠山泉评为"天下第二泉"。唐武宗会昌（公元814—846年）年间，宰相李德裕住在京城长安，喜饮二泉水，竟然责令地方官吏派人用驿递方法，把3 000里外的无锡泉水运去享用。

宋徽宗时，亦将二泉水列为贡品，按时按量送往东京汴梁。清代康熙、乾隆皇帝都曾登临惠山，品尝过二泉水。

至于历代的文人雅士，为二泉赋诗作歌者，则更是不计其数。而在咏茶品泉的诗章中，当首推北宋文学家苏轼了，他在任杭州通判时，于宋神宗熙宁六年（1073年）十一月至七年（1074年）五月，来无锡曾作《惠山谒钱道人烹小龙团登绝顶望太湖》，诗中"独携天上小圆月，来试人间第二泉"之浪漫诗句，却独具品泉妙韵，诗人似乎比喻自己已羽化成仙，身携皓月，从天外飞来，与惠山钱道人共品这连浩瀚苍穹也已闻名的人间第二泉。这真可谓咏茶品泉辞章中之千古绝唱了。所以，这辞章为历代茶人墨客称道不已，曾被改写成一些名胜之地茶亭楹联以招游客，品茗赏联，平添无限雅兴。

3. 杭州龙井泉

龙井泉，在浙江省杭州市西湖西面风篁岭上，为一裸露型岩溶泉。本名龙泓，又名龙湫，是以泉名井，又以井名村。龙井村是饮誉世界的西湖龙井茶的五大产地之一。而龙泓清泉，历史悠久，相传在三国东吴赤乌年间（公元238—250年）就已发现。此泉由于大旱不涸，古人以为与大海相通。有神龙潜居，所以，名其为龙井，又被人们誉为"天下第三泉"。龙井泉旁有龙井寺，建于南唐保大七年（公元949年）。周围有神运石、涤心沼、一片云等诸景庶处，还有龙井、小沧浪、龙井试茗、鸟语泉声等石刻环列于半月形的井泉周围。

龙井泉水出自山岩中，水味甘醇，四时不绝，清如明镜，寒碧异常，如取小棍轻轻搅拨井水，水面上即呈现出一条由外向内旋动的分水线，见者无不称奇。据说，这是泉池中已有的泉水与新涌入的泉水间的比重和流速有差异之故；但也有人认为，是龙泉水表面张力较大所致。

龙井之西是龙井村，满山茶园，盛产西湖龙井，因它具有色翠、香郁、味醇、形美之"四绝"而著称于世。古往今来，多少名人雅士都慕名前来龙井游历，饮茶品泉，留下了许多赞赏龙井泉茶的优美诗篇。杭州龙井泉，如图4-3所示。

图4-3　杭州龙井泉

苏东坡曾以"人言山佳水亦佳，下有万古蛟龙潭"的诗句称道龙井的山泉。杭州西湖产茶，自唐代到元代，龙井泉茶日益称著。元代虞集在游龙井的诗中赞美龙井茶道："烹煎黄金芽，不取谷雨后，同来二三子，三咽不忍漱。"明代田艺蘅在《煮泉小品》中更是高度地评价了龙井泉和茶："今武林诸泉，唯龙泓人品，而茶亦唯龙泓山为最。又其上为老龙泓，寒碧倍之，其地产茶，为南北绝品"。

4. 杭州虎跑泉

虎跑泉位于西湖之南，大慈山定慧禅寺内，距市区约 5 km。相传，唐代有个叫寰中的高僧住在这里，后因水源缺乏准备迁出。一夜，高僧梦见一神仙告诉他：南岳童子泉，当遣二虎移来。第二天，果真有二虎"跑地作穴"，涌出泉水，故名"虎跑"（图 4-4）。

图 4-4　杭州虎跑泉

虎跑泉是地下水流经岩石的节理和间隙汇成的裂隙泉。它从连一般酸类都不能溶解的石英砂岩中渗透、出露，水质纯净，总矿化度低，放射性稀有元素氡的含量高，是一种适于饮用且具有相当医疗保健功用的优质天然饮用矿泉水，故与龙井茶叶并称"西湖双绝"。不仅如此，虎跑泉水质纯净，表面张力特别大，向储满泉水的碗中逐一投入硬币，只见碗中泉水高出碗口平面达3mm 却仍不外溢。

5. 济南趵突泉

济南以"泉城"而闻名，泉水之多可算是全国之最了。平均每秒就有 4m³ 的泉水涌出来。

趵突泉水从地下石灰岩溶洞中涌出，其最大涌量达到 24 万 m³/日，出露标高可达 26.49m。水清澈见底，水质清醇甘洌，含菌量极低，经化验符合国家饮用水标准，是理想的天然饮用水，可以直接饮用。"趵突腾空"为明清时济南八景之首。泉水温度一年四季恒定在 18℃左右，严冬，水面上水汽袅袅，像一层薄薄的烟雾，一边是泉池幽深、波光粼粼；另一边是楼阁彩绘、雕梁画栋，构成了一幅奇妙的人间仙境，当地人称为"云蒸雾润"。趵突泉水清澈透明，味道甘美，是十分理想的饮用水。相传，乾隆皇帝下江南，出京时带的是北京玉泉水，到济南品尝了趵突泉水后，便立即改带趵突泉水，并封趵突泉为"天下第一泉"。对于天下第一泉的排序，历来争议颇多，人们普遍认为的天下第一泉就有七处，分别是镇江中泠泉、济南趵突泉、北京玉泉、庐山谷帘泉、峨眉山玉液泉、安宁碧玉泉、衡山水帘洞泉。

第五章　茶叶冲泡技艺

我国的茶叶产地辽阔，茶叶品种千姿百态，品饮习俗异彩纷呈。本章主要根据国家茶艺师职业资格鉴定技能考试的要求，介绍各种茶类的冲泡要求及冲泡技巧。

第一节　绿茶的冲泡

绿茶为不发酵茶，经杀青、揉捻、干燥而制成，具有清汤绿叶的品质特点。绿茶是我国茶类中的大家族，我国所有的产茶省区都生产绿茶，又以浙江、安徽、江西、湖南、江苏、四川等省产量最多。其花色品种丰富多彩，因此，绿茶的冲泡品饮形式也较为丰富，除了最常用的玻璃杯泡法外，结合茶叶的产地、个性以及嫩度、外形等基本特征还可以使用盖碗甚至紫砂壶等进行冲泡。

一、冲泡技巧

1. 投茶量

投茶量也就是茶与水的用量比例。实践表明，对于大部分绿茶而言，以每克茶 50~60mL 水为好。按"浅茶满酒"的习惯要求，通常一只 200mL 的玻璃杯，冲上 150mL 的水，放 3g 左右的茶就可以了。

2. 水温

冲泡绿茶所用的水温高低，主要与其制作时原料的嫩度、产地有关。

（1）高档细嫩的名优绿茶，如果用沸水冲泡，会使茶叶及茶汤变黄，茶芽无法直立，维生素等营养物质受到破坏，使茶的清香和鲜爽味减少，观赏性降低。因此，一般采用80～85℃的水温冲泡，如西湖龙井。

（2）而对于最细嫩的一部分茶品，诸如特级碧螺春、特级都匀毛尖、特级蒙顶甘露等，用70～75℃的水温冲泡就可以了。

（3）另外，绿茶冲泡的水温还与产地有关。云南以大叶种茶为原料生产的各类绿茶，基于大叶种茶本身多酚类较丰富，耐泡、香气滋味浓郁的特点，可用85～90℃的水温进行冲泡。

3. 浸泡时间与次数

浸泡时间与次数的多少，与冲泡饮用方式有关。若是采用玻璃杯或盖碗直接饮用的话，通常在茶叶浸泡2～3分钟后，茶汤稍凉、滋味鲜爽醇和时，即可开始品饮。因为，此时茶汤中刚好溶解了大部分维生素、氨基酸、咖啡碱等鲜味物质，此后随着浸泡时间延长，则茶多酚物质会陆续浸出来，鲜爽味会减少，但苦涩物质又相应增加了。

一般来说，对于少数特别细嫩的名优绿茶而言，只能冲泡2次左右；大多数绿茶也只能冲泡2～3次；而云南等地以大叶种茶所制作的绿茶耐泡性较强，可冲泡5～6次。

4. 选具

品饮绿茶，人们追求的是色、香、味、形的完整感受，正如前面所提到的，绿茶外形多姿多彩，在水中有的如兰花朵朵，有的如刀枪林立，还有的如群笋破土……使人浮想联翩，得到更多的精神享受。因此，名优绿茶大多可选用玻璃杯进行冲泡，既可观赏到茶叶的美姿美态，而玻璃杯敞口的特点又可使水散热快，不至于烫坏细嫩的茶叶。

但选择玻璃杯时，有几点要注意。

（1）杯身最好无花、光滑，便于观赏"茶舞"。

（2）杯子不宜太大，水量多，水温下降慢，易烫伤茶叶，形成"熟汤"味。

（3）杯身不宜过高。若杯身过高，一是散热慢；二是茶叶在其间分布会造成上下两层茶叶间隔过大而不够美观。

除玻璃茶具外，根据个人爱好，也可选择盖碗进行冲泡。可用盖碗直接品饮，也可用盖碗冲泡后分入多个小杯与人共享。其优点是可按冲泡者的要求控制茶叶每一泡的浸出速度，以达到更好地品尝茶汤滋味的层次。

只有极少数的绿茶适合用紫砂壶来冲泡，其代表是浙江的顾渚紫笋，其产地离陶都江苏宜兴很近，当地也产紫砂泥，人们在传统上都有以当地水、当地土（具）泡当地茶的习惯。且经紫笋茶用紫砂壶与玻璃杯同时冲泡实验对比表明，用紫砂壶冲泡的茶叶香气滋味都较玻璃杯冲泡为好。人们说"一方水土养一方人"，茶叶也莫不如此。

5. 冲泡方法

绿茶的杯泡方法有上投法、中投法和下投法，大部分茶叶适用中投法。这里着重介绍中投法。方法之一是投茶、润茶，再将水注至七分；方法之二是先注 1/3 的水，然后投茶，再将水加至七分。其中，以方法一最为实用。先让茶叶吸收少量水分便于后面的茶汁浸出，又兼顾了泡茶的水温不会过高。除了适合于上投法和下投法的部分茶叶外，大部分茶叶都适合中投法的方法一。

6. 吊水和凤凰三点头

这两者都是注水的技艺。

吊水：主要目的是降低水温。要求手要稳，水线要细而长，不能时粗时细，更不能洒出杯外。

凤凰三点头：就是在冲泡时持随手泡由低到高连冲3次，并使杯中水量恰好七分满。这种手法的作用有3点：一是使茶叶在杯中上下浮动，如凤凰展翅般优美；二是使茶汤上下左右回旋，茶汤均匀一致；三是表示向客人"三鞠躬"，以示对客人的尊重。其要求水流均匀，富有节奏感，且冲泡多杯茶时也要做到杯杯七分满，水量一致。

二、冲泡示例

（1）备具。选择4只洁净无破损的玻璃杯，杯口向下置茶盘内，成直线状摆在茶盘斜对角线位置（左低右高）；茶盘左上方摆放茶荷；中下方置茶巾盘（内置茶巾），茶盘右上方摆放茶匙；右下角放水壶。

（2）备水。尽可能选用清洁的天然水，煮水至沸腾备用。

（3）布具。入座后，双手（在泡茶过程中，强调用双手做动作，一则显得稳重；二则表示敬意）将水壶移到茶盘右侧桌面；将茶荷、茶匙摆放在茶盘后方左侧，茶巾盘放在茶盘后方右侧；将茶荷放到茶盘左侧上方桌面上；用双手按从右到左的顺序将茶杯翻正。

（4）温杯。依次向杯中冲入少量的水，依次双手持杯清洗杯子内壁。

（5）赏茶。双手将茶荷捧起，请客人欣赏干茶。讲解茶叶的外形特征。

（6）置茶。用茶匙依次将茶叶拨入杯中。每杯用茶叶2~3g。

（7）浸润泡。以回转手法向玻璃杯内注入少量开水（水量为杯子容量的1/4左右）。目的是使茶叶充分浸润，促使可溶物质析出。浸润泡时间为20~60秒，可视茶叶的紧结程度而定。

（8）摇香。左手托住茶杯杯底，右手轻握杯身基部，运用右手手腕逆时针转动茶杯，左手轻搭杯底作相应运动。此时，杯中茶叶吸水，开始散发出香气；摇毕，可依次奉茶杯给来宾，敬请品评茶之初香；随后，依次收回茶杯。

（9）冲泡。双手取茶巾，斜放在左手手指部位；右手执水壶，左手以茶巾部位托在壶底，双手用凤凰三点头手法，高冲低斟将开水冲入茶杯，应使茶叶上下翻动。不用茶巾时，左手半握拳搭在桌沿，右手执水壶单手用凤凰三点头手法冲泡。这一手法除具有礼仪内涵外，还有利用水的冲力来均匀茶汤浓度的功效。冲泡水量控制在总容量的七成即可，一则避免奉茶时有如履薄冰、战战兢兢的窘态；二则向来有"浅茶满酒"之说，七分茶三分情之意。

（10）奉茶。将泡好的茶依次敬给来宾。这是一个宾主融洽交流的过程，奉茶者行伸掌礼请用茶，接茶者点头微笑表示谢意，或答以伸掌礼。

（11）品饮。双手捧起一杯春茗，观其汤色碧绿清亮，闻其香气清如幽兰；浅啜一口，如温香软玉，深深吸一口气，茶汤由舌尖温至舌根，轻轻的苦、微微的涩，然而细品却似甘露。然后给宾客介绍其内质及品饮感受。

（12）收具、净具。每次冲泡完毕，应将所用茶器具收放原位，对茶壶、茶杯等使用过的器具一一清洗以备使用。

第二节　乌龙茶（青茶）的冲泡

乌龙茶属半发酵茶，主产于我国福建、广东、台湾等省，品质各有特色。闽北乌龙，发酵程度较高，主要以武夷岩茶为代表，具有典型的地域特点，带特有"岩韵"，香气滋味张扬颇具节奏感。闽南乌龙，最著名的是铁观音，发酵程度较闽北乌龙轻，香气清幽，品饮乌龙，人们追求的是其浓烈馥郁的香气和醇醇的茶汤，故多采用紫砂壶和盖碗进行冲泡。

一、冲泡技巧

1. 投茶量

乌龙茶的品饮注重高香和浓酽的滋味，故投茶量较高，是绿茶红茶的3~4倍。因产地工艺不同，乌龙茶的外形有的颗粒紧结，有的条索紧直，故投茶量从所占冲泡容器的比例上看，外形越粗松的投茶量占主茶具的空间越多；反之，外形越紧结的则占的空间较小。具体说来：

（1）颗粒形乌龙，也称作球形和半球形乌龙。闽南乌龙和台湾乌龙中的大部分都属颗粒形乌龙，例如，闽南的铁观音、本山、毛蟹，中国台湾的冻顶乌龙、竹山金萱、四季春、木栅铁观音等。颗粒形乌龙大都较为紧结，故投茶量较其他直条形或粗松形茶品要略少。以铁观音为例，其投茶量为冲泡容器的4~6成；珠三角一带饮用的习惯较浓一些，可投到6成左右；其他区域消费者的品饮浓度一般来说要相对低些，可投到4~5成。注意，投茶量不可太少，否则，就不能够体现茶叶本质个性，失去了品饮的意义。

（2）细长条索形乌龙，代表茶是广东乌龙中的凤凰单丛和凤凰水仙。广东乌龙条索细长而直，茶与茶之间的空隙较大，故投茶量应占到冲泡容器的8~10成。很多习惯饮广东乌龙的老茶客饮用浓度很高，甚至连投到10成也不满足，还会将部分茶叶轻轻压碎一点再冲泡；而这样的浓度对于不常饮用广东乌龙的茶客来说就会觉得较苦涩，甚至会出现"茶醉"现象，所以，可以适当减少投茶量，8成左右即可。

（3）粗壮条索形乌龙，代表茶为闽北乌龙中的武夷岩茶。它介于前两者之间，条索较广东乌龙要短一些，故投茶量一般在茶具的6~8成。根据个人喜好可适量增减。

2. 水温

乌龙茶品饮重浓酽，因此，冲泡温度也较高，基本都适用沸水冲泡，无须降温。但在冲泡中，也要注意保持茶具与叶底的温度，尽量减少泡与泡之间的间隔。

3. 浸泡时间与次数

首先，乌龙与绿茶不同，大部分乌龙都需要快速洗茶，以达到冲泡需要的温度，同时，其茶类特点也决定了科学洗茶不会导致大量营养流失。至于浸泡的次数，相对说来乌龙比绿茶要耐泡得多，而越好的茶叶当然也越耐泡（因为本身养分充足，而非刻意加大投茶量），像上好的铁观音和岩茶都能泡 10 泡左右，所以人们也用"十泡有余香"来形容乌龙的耐泡。

（1）颗粒形乌龙。洗茶后第一泡的浸泡时间要较长一些，因为，颗粒的形状与水接触面较小，茶叶不易展开。传统工艺的铁观音及冻顶乌龙的首泡都可在 1 分钟左右，若是发酵较轻的颗粒形乌龙的话，首泡时间就要大大缩短，大概 20 秒钟就可以了。因此，冲泡前对茶叶的了解很重要，然后就是经验问题，多泡几次就自然明白了。茶叶展开后浸出速度就加快了，所以，之后的两泡出汤都要快些，三泡后浸泡时间增加。

（2）细长条索形乌龙。头两次浸泡都在 15 秒钟左右就可以了，此后每次的浸泡时间应比上一泡略长，且越往后浸泡时间应越长。

（3）粗壮条索形乌龙。头三泡浸泡节奏都要快些，但要比细长条索乌龙浸泡时间长一些。

4. 选具

（1）选具的基本原则。

①颗粒形乌龙和细长条索形乌龙，适合用小巧肚大的紫砂壶和盖碗来冲泡。

②粗壮条索形乌龙则要大一些的紫砂壶和盖碗才能激发"岩

韵"。

③乌龙的品饮较适合用如半个乒乓球大小的白瓷杯，既配合了浓酽的茶汤，也使得茶香更加突出。

（2）以潮汕茶为代表的乌龙茶冲泡常用茶具。

①"茶室四宝"，缺一不可。即玉书碨、潮汕炉、孟臣罐、若琛瓯。

玉书碨即烧开水的壶。为赭色薄瓷扁形壶，容水量约为250mL。水沸时，盖子"噗噗"作声，如唤人泡茶。现代已经很少再用此壶，一般的茶艺馆，多用宜兴出的稍大一些的紫砂壶，多作南瓜形或东坡提梁壶形。也有用不锈钢壶的，用电，可保温。

潮汕炉是烧开水用的火炉。小巧玲珑，可以调节风量、掌握火力大小，以木炭做燃料，但由于比较麻烦现在使用较少。目前，人们最常使用的主要是随手泡和电磁炉，方便而快捷，却也少些乐趣。随着人们对精神生活重视程度的不断提高，返璞归真的煮水法也受到不少人的青睐，有固体酒精灯加热紫砂壶烧水的，也有无烟炭配铜壶或是陶壶的。

孟臣罐即泡茶的茶壶。为宜兴紫砂壶，以小为贵。孟臣即明末清初时的制壶大师惠孟臣，其制作的小壶非常闻名。壶的大小因人数多少而异，一般都是小容量的壶。

若琛瓯即品茶杯。为白瓷翻口小杯，杯小而浅。

②除了"茶室四宝"这4种必备茶具外，乌龙茶的冲泡中，仍用到其他名目繁多的茶具，简单介绍如下。

茶船和茶盘　茶船形状有盘形、碗形，茶壶置于其中，盛热水时供暖壶烫杯之用，又可用于养壶。茶盘则是托茶壶、茶杯之用。现在常用的是两者合一的茶盘，即有孔隙的茶盘置于茶船之上。这种茶盘的产生，是因为乌龙茶的冲泡过程较复杂，从开始的烫杯热壶以及后来每次冲泡均需热水淋壶，双层茶船可使水流到下层，不致弄脏台面。茶盘的质地不一，常用的有紫砂和竹器。

茶海　形状似无柄的敞口茶壶。因乌龙茶的冲泡非常讲究时间，就是几秒钟、十几秒钟之差，也会使得茶汤质量大大改变。所以，即使是将茶汤从壶中倒出的短短十几秒时间，开始出来以及最后出来的茶汤浓淡非常不同。为避免浓淡不均，先把茶汤全部倒至茶海中，然后再分至杯中。同时，可沉淀茶渣、茶末。现在也常用不锈钢的过滤器置于茶海之上，令茶汤由滤器流入茶海，以滤去茶渣。

闻香杯　闻香之用，细长，是乌龙茶特有的茶具，多用于冲泡台湾高香的乌龙时使用。与饮杯配套，质地相同，加一茶托则为一套闻香组杯。

二、冲泡示例

武夷茶艺的程序有二十七道，合三九之道。二十七道茶艺如下：

恭请上座客在上位，主人或侍茶者沏茶、把壶斟茶待客。

焚香静气——焚点檀香，营造幽静、平和的气氛。

丝竹和鸣——轻播古典民乐，使品茶者进入品茶的精神境界。

叶嘉酬宾——出示武夷岩茶让客人观赏。"叶嘉"即宋苏东坡用拟人笔法称呼武夷茶之名，意为茶叶嘉美。

活煮山泉——泡茶用山溪泉水为上，用活火煮到初沸为宜。

孟臣沐霖——即烫洗茶壶。惠孟臣是明代紫砂壶制作名家，擅长制作小壶，后人用孟臣罐指代紫砂壶。

乌龙入宫——把乌龙茶放入紫砂壶内。

悬壶高冲——把盛开水的长嘴壶提高冲水，高冲可使茶叶翻动。

春风拂面——用壶盖轻轻刮去表面白泡沫，使茶叶清新洁净。

重洗仙颜——用开水浇淋茶壶，既洗净壶外表，又提高壶温。"重洗仙颜"为武夷山一石刻。

若琛出浴——即烫洗茶杯。若琛为清初人，以善制茶杯而出名，后人把名贵茶杯喻为若琛。

玉液回壶——即把已泡出的茶水倒出，又转倒入壶，使茶水更为均匀。

关公巡城——依次来回往各杯斟茶水。

韩信点兵——壶中茶水剩下少许时，则往各杯点斟茶水。

三龙护鼎——即用拇指、食指扶杯，中指顶杯，此法既稳当又雅观。

鉴赏三色——认真观看茶水在杯里的上、中、下3种颜色。

喜闻幽香——即嗅闻岩茶的香味。

初品奇茗——观色、闻香后，开始品茶味。

再斟兰芷——即斟第二道茶，"兰芷"泛指岩茶。宋范仲淹诗有"斗茶香兮薄兰芷"之句。

品啜甘露——细致地品尝岩茶，"甘露"指岩茶。

三斟石乳——即斟三道茶。"石乳"，元代岩茶之名。

领略岩韵——即慢慢地领悟岩茶的韵味。

敬献茶点——奉上品茶之点心，一般以咸味为佳，因其不易掩盖茶味。

自斟慢饮——即任客人自斟自饮，尝用茶点，进一步领略情趣。

欣赏歌舞——茶歌舞大多取材于武夷茶民的活动。三五朋友品茶则吟诗唱和。

游龙戏水——选一条索紧致的干茶放入杯中，斟满茶水，恍若乌龙在戏水。

尽杯谢茶——起身喝尽杯中之茶，以谢山人栽制佳茗的恩典。

武夷茶艺中便于表演的为 18 道，即焚香静气、叶嘉酬宾、活煮山泉、孟臣沐霖、乌龙入宫、悬壶高冲、春风拂面、重洗仙颜、若琛出浴、玉液回壶、关公巡城、韩信点兵、三龙护鼎、鉴赏三色、喜闻幽香、初品奇茗、游龙戏水、尽杯谢茶。

第三节　功夫红茶的冲泡

功夫红茶是我国的特有红茶，也是我国的传统出口商品。我国功夫红茶品类多、产地广。按产地命名的主要有祁红、滇红、宜红、川红、湖红、闽红等。其中，以云南省的滇红和安徽省的祁红为好。

滇红功夫茶，属大叶种类型的功夫茶。产于云南省勐海、凤庆、双江、临沧、云县等县，以外形肥硕紧实，金毫显露和香高味浓的品质独树一帜。

一、冲泡技巧

1. 择水和水温

用净水器过滤过的自来水或山泉水。水温在 90℃左右，即水完全煮沸的前一刻"水花将成圆形"时的热水最合适。如果用持续沸腾的热水来泡茶，茶汤香气低闷、滋味苦涩；若水温太低，则香气不易散发，滋味淡薄。

另外，粗老的红茶水温可稍高，细嫩的红茶水温可稍低。

2. 投茶量和冲水量

用杯泡直接饮用：一般是 150mL 水 3g 茶。茶水比例是 1∶50（1g 茶 50mL 水）。

用盖碗等茶具分茶汤饮用：一般是 50mL 水泡 2g 左右茶，或根据客人需要来泡。

如果用作调饮，投茶量则需加大。

3. 浸泡时间

红茶的主要成分要溶于水中，除了水温要达到要求外，还需要掌握恰当的浸泡时间。一般可以焖茶 50 秒钟左右。

浸泡时间短，冲入水后马上出汤，汤色浅淡，茶汤淡薄，色香味不佳；浸泡时间过长，汤色深浓，苦涩味重，难以入口。

从外形上来判断，条索紧结的茶浸泡时间稍短，条索松弛的茶浸泡时间要稍长。也可根据客人需求来决定。喜欢喝清淡一点的浸泡时间稍短，喜欢喝浓酽的浸泡时间要稍长。

二、冲泡示例

功夫红茶的盖碗泡法。

（1）备茶。用茶则将适量的茶叶从储茶罐中取出，放到茶盒中备用。

（2）备水。将洁净的冲泡用水加温至 90℃。自来水可直接将水烧开后稍等一会儿，待降温后使用。

（3）备具。主泡用具需准备一个盖碗、一个公道杯、若干个小品杯。摆放时，盖碗拿底托，放在茶盘下方的中间位置；为了使用方便，公道杯的捏柄一般放在盖碗的左边（若是左手拿泡茶壶冲水，就放在盖碗的右边），以便于向盖碗内冲水；小品杯用杯夹夹至盖碗和公道杯的前方摆开，或一字形，或弧形等你可以想到的形状都可，但不能影响整体美观。另外，还须准备茶巾、茶道组、杯托、奉茶盘等辅助用具。

（4）入座。泡茶虽然讲技巧，但关键是心境。静心调息即排除杂念、调匀呼吸，以愉悦的心情来善待茶。

（5）温杯、洁具。用右手将盖碗的碗盖轻轻提起，搭于底托的边上，提起泡茶壶沿碗边逆时针方向注水，将盖子盖上，左边留一条缝隙，提起盖碗将水倒入公道杯中，左手将公道杯拿起，将水注入小品杯中，烫洗小品杯。

（6）赏茶。双手虎口张开，用拇指和食指卡住茶荷，手臂自然伸直，稍向外倾，自左向右轻盈舒缓地摆动手臂，让宾客观赏到茶盒中的茶叶。

（7）投茶。用茶匙将茶盒中的茶拨入盖碗。

（8）冲泡。将 90℃ 左右的沸水，沿碗边逆时针方向注入，水量不宜太多或太少，大约冲至盖碗的 8 分满，太多则容易烫手，难以操作；太少则汤浓量少，也不易刮沫。

（9）刮沫。红茶中的茶皂素经热水浸泡会在茶汤表面形成白色茶沫，冲水后应提起碗盖，以碗盖边沿接触茶汤表面旋转一圈将茶沫刮掉，然后用水冲洗干净碗盖内壁。

（10）焖茶。浸泡约 50 秒钟。

（11）出汤、分茶。轻轻提起碗盖，在盖和碗之间留一条窄缝，然后将茶汤沥入公道杯，再将公道杯中的茶汤分入小品杯中。

（12）奉茶。将小品杯放在杯垫上，双手持杯垫边缘奉茶给宾客。

（13）品茶。红茶汤色红艳明亮；香气似蜜糖香，浓郁高长；滋味醇厚鲜爽。

（14）收具。

第四节　黄茶的冲泡

黄茶属轻发酵茶，基本工艺近似绿茶，但在制茶过程中加以闷黄，因此，具有黄汤、黄叶的特点。黄茶的制造历史悠久，有不少名茶都属此类，如君山银针、蒙顶黄芽、北港毛尖、霍山黄芽、温州黄汤等。

一、冲泡技巧

黄茶的冲泡方法与绿茶的冲泡方法有些相似。但黄芽茶大多是以细嫩的茶芽制成，不宜用上投法冲泡，用两段泡法冲泡较好。投茶后，冲入少量的水浸润茶叶，使茶与水充分接触，茶芽吸收了水分才会舒展开，香气和滋味也才能更好地表现出来。

1. 投茶量

黄茶的投茶量与绿茶相同，以每克茶泡 50~60mL 水为宜。

2. 水温

由于黄茶与绿茶相比，原料更为细嫩，因此，水温较绿茶的低，大约是 75℃的水温。

3. 浸泡时间

采用玻璃杯冲泡，通常在茶叶浸泡 2 分钟后，茶汤稍凉、滋味鲜爽醇和时便可品饮。

4. 选具

黄茶大多数都是历史名茶，茶芽较细嫩，宜选用透明的玻璃杯冲泡，便于观赏黄茶在杯中沉浮的景象。杯子可选择高 15 cm 左右的直杯，以便给茶叶沉浮提供较大的空间。

二、冲泡示例

君山银针泡法。

（1）备茶。准备好冲泡用的茶叶。

（2）备水。将水烧开后凉至所需温度。

（3）备具。准备 3 只洁净的玻璃杯，并摆放好。

（4）行礼。行 90°真礼，表示对宾客的尊敬。

（5）入座调息。冲泡时，一般采用浅坐的坐姿，坐凳子的 1/2 或 1/3，腰身挺直。这样显得精神饱满。

入座前，需要注意椅凳的高度与桌子的比例。如果坐好以后感觉太高或过矮，会导致操作不便和动作不雅。

（6）赏茶。

（7）温杯、洁具。温洗稍高的玻璃杯时可采用滚动法。冲水后，双手捧起杯子，左手自然伸开，掌心向上托住杯身。右手指捏住杯子下部，掌心对杯底，然后以右手手指转动杯子，使杯中的水从转动的杯子边缘缓缓流出，从而起到温洗杯子内壁的作用。

（8）投茶。

（9）润茶。

（10）冲泡。

若水刚刚烧开，采用吊水线的冲水法冲泡，以免水温过高而烫伤茶芽；若水温已凉至泡茶所需温度，可采用凤凰三点头的冲水法冲泡，一来表示对宾客的尊敬；二来可使茶芽在杯中翻滚，使茶汤浓度上下一致。俗话说："酒满敬人，茶满欺人"，冲水至七分满便可。

（11）奉茶。双手捧起茶杯，一手握杯子七分处，一手托杯子底部，缓缓将茶奉于宾客面前。

（12）品饮。品饮君山银针，且不说品尝其滋味以饱口福，只需观赏一番，也足以引人入胜，神清气爽。透过玻璃杯，可以看到初始芽尖朝上，蒂头下垂而悬浮于水面，随后缓缓降落，竖立于杯底，忽升忽降，蔚成趣观，最多可达 3 次，故有"三起三落"之称。最后竖立于杯底，如刀枪林立，似群笋破土，芽光水色浑然一体，堆绿叠翠，妙趣横生。

（13）收具。

第五节　白茶的冲泡

白茶属微发酵茶，基本工艺是萎凋、干燥。其品质特点是干茶外表满披白色茸毛，色白隐绿，汤色浅淡，味甘醇。白茶是我国的特产，主要产于福建省，品种有银针白毫、白牡丹、贡眉（寿眉）等。冲泡方法与绿茶类似，可用晶莹剔透的玻璃杯冲泡，也可用盖碗来冲泡。

一、冲泡技巧

1. 投茶量

用玻璃杯泡直接饮用：以每克茶泡 50~60mL 水为好。用盖碗冲泡，因白茶的条索松散，通常是投盖碗的一半或 1/3。

2. 水温

因为白茶的制作工艺不经揉捻，故其茶汁浸出的速度较慢。可用 80℃ 左右的水温冲泡。

3. 浸泡时间

白茶的茶汁不易浸出，所以浸泡时间宜较长。

（1）用玻璃杯冲泡白毫银针时，开始时茶芽浮于水面，浸泡 3 分钟左右茶芽一部分沉落杯底，还有一部分悬浮茶汤上部，此时可观赏其在杯中的茶舞，约 5 分钟后茶汤泛黄即可饮用。

（2）用盖碗冲泡白牡丹时，因投茶量较杯泡时大，再加上有盖子，所以，2~3 分钟后便可出汤饮用。

二、冲泡示例

白牡丹的泡法。

（1）备茶。用茶荷准备冲泡所用的白牡丹，因白茶不经揉捻，茶叶较松散，故装茶的茶盒最好选口较大的为好，以便于投茶。

（2）备水。将水烧至所需温度。

（3）备具。选用盖碗为主泡用具来冲泡白牡丹。其他用具还有公道杯、品茗杯、杯托、茶巾、茶道组等。

（4）行礼。行礼时，双手虎口相握，掌心向下放于丹田，身体慢慢弯下至90°，再慢慢起来。

（5）入座调息。坐下后，不要马上埋头泡茶，调整一下呼吸，静下心，面带微笑，目视宾客，表示对宾客的尊敬。

（6）赏茶。捧起茶荷从左到右依次给宾客鉴赏干茶。

（7）温杯、洁具。

（8）投茶。白茶条索较松散，投茶时可边拨边往上推茶，以免茶叶撒落于盖碗外面。

（9）冲泡。用85℃左右的水温冲入盖碗中，茶会浮在上面，用盖子将茶轻轻按下，使茶与水接触，然后盖上盖子，浸泡1分钟左右。

（10）出汤分茶。

（11）奉茶。奉茶时，应继承中华民族的传统美德，先奉给年长者。

（12）品饮。在炎热的夏天，静静地品一杯白牡丹，观其茶汤，杏黄明亮；闻其香气，既有绿茶的清馨，又略带红茶的甜美，令人神清气爽；啜上一口，更是鲜醇甘甜，回味无穷。

（13）收具。

第六节　花茶的冲泡

花茶是我国生产量较大的再加工茶，饮用人群遍及各地，尤以北方地区为多。南方的四川省和重庆市也普遍喜欢饮用花茶。北方喜欢用白瓷盖杯冲泡，南方喜欢用盖碗冲泡后直接品饮。

一、冲泡技巧

1. 投茶量
花茶的投茶量与绿茶相同，以每克茶泡50~60mL水为宜。

因盖碗容量较小，所以，选用盖碗冲泡时投茶 2g 即可。

2. 水温

花茶的水温是由它的茶坯决定的。茶坯不同，水温也有所不同。绿茶茶坯，用冲泡绿茶的水温；红茶茶坯，就用冲泡红茶的水温。其余品种，则依此类推。

由于花茶的茶坯大多是烘青绿茶，因此，水温与绿茶一致，大约是 85~90℃ 左右的水温。

3. 浸泡时间

采用盖碗冲泡，通常在茶叶浸泡 1 分钟左右后，茶汤稍凉时便可品饮。

4. 选具

花茶重在领略它的香气，因此，一般都选用反碟式盖的盖碗为好。但如果所用的茶坯是龙井、大方、毛峰等特种绿茶做茶坯窨制的花茶，就需用透明加盖的玻璃茶具冲泡，既可观赏茶芽在水中的"茶舞"，又可领略茉莉花的芬芳。

选用盖碗冲泡时，应根据人数准备相应数量的盖碗。

二、冲泡示例

茉莉花茶泡法。

（1）备茶。在茶盒内准备适量的茉莉花茶。

（2）备水。将水烧开待用。

（3）备具。准备好盖碗（盖子均朝上翻，边上留一细缝）、茶道组、茶巾、水盂、奉茶盘等。

盖碗的摆放首先要实用，不影响操作；其次是要美观。

（4）行礼。

（5）入座调息。

（6）赏茶。

（7）温杯、洁具。冲泡花茶一定要把盖碗的盖子温热，这样有助于花茶香气的集中。提壶将水冲到盖子上，再慢慢流到碗里。右手用茶针按住盖子一边，向下向外推，左手扶住盖扭将盖子翻过来，右手将茶针轻轻抽出。提起盖碗将水直接倒入水盂。

（8）投茶。先依次将盖碗的盖揭开搭在杯托上，然后将茶叶逐一拨入碗中。

（9）浸润泡。冲入少量热水，淹没茶叶即可。

（10）摇香。左手端起杯托，右手扶住盖钮，轻轻摇动盖碗，让茶叶充分吸收水分和热气。

（11）冲水浸泡。为防止香气丧失，冲水时以左手揭开盖，右手提壶冲水。水量达到要求后立即盖上盖。

（12）奉茶。双手端杯托边缘奉茶给宾客并伸手示意，请客人喝茶。

（13）品饮。品饮花茶时，用左手持杯托端起茶碗，右手捏盖钮轻轻提起盖，凑近鼻端嗅闻茶香，享受花茶带来的自然芬芳的气息。再用盖子边缘轻轻拨动茶汤，观赏汤色，随后就可以品饮茶汤，咀嚼滋味了。

品饮时，男女有别。女性用左手端起盖碗，右手提起盖靠近碗口再品饮，尽显女性的优雅；男性轻移盖子，留一条缝隙，用右手提起茶碗品饮，表现男性的豪气。

（14）收具。

第七节　普洱茶冲泡

随着人们对普洱茶的日渐钟爱，关于它的冲泡方法也成为人们经常讨论的话题。其实普洱茶并不难冲泡，因为，它的冲泡和其他任何茶类一样，都离不开基本要素——择水、选具，以及确定投茶量、水温和浸泡时间。但要能真正泡好，体现出各款普洱茶的真性至味来，那的确不是件易事，其原因全在于普洱茶的独特性。

那么，想冲泡好普洱茶，该怎样人手？要注意些什么？有何章法可寻？

一、冲泡技巧

第一步，身份识别。

以一块七子饼为例，首先看它所具有的外包装，从支飞、筒飞到棉纸、内飞，这些可以表明生产厂家、原料产地、出厂日期等方面的信息。自 1976 年起，为出口需要，饼茶往往有一个唛号，该唛号不仅有出产地（尾号 1 代表昆明，2 代表勐海，3 代表下关，4 代表普洱），还对茶品品级、用料规格提供了一个参考。例如，唛号为 7542 的青饼，是指由勐海茶厂出品，自 1975 年开始定型生产，茶叶主级别为 4 级的茶品。

提取茶品的有效身份信息，可以为茶叶的冲泡提供一种依据，同时还能供日后碰见类似茶品参照。

第二步，外形评定。

对于普洱茶的外形评定，就是通过看（外观）、闻（香气）、捏（松紧）等手段，对茶品进行初步的评定。一般要进行以下几个方面的评定。

①新、老、生、熟的评定：普洱茶分为普洱茶生茶和普洱茶熟茶。生活中，人们还按储存时间的长短把普洱茶分为"新茶"和"老茶"。习惯上，把刚出厂的茶称为"新茶"，而把经过长时间储存或自然发酵的茶称为"老茶"。

冲泡储存时间短的生茶时水温要略低，出汤要快。冲泡的关键在于把握好其原料特征，如茶树品种、茶区特点、树龄、生态等。原则上，滋味浓强者，水温略低，浸泡时间要短；而滋味清淡者，则相反。

冲泡熟茶时，通过高温洗茶去杂味后要略降温冲饮，冲泡节奏略快，以避免苦涩味和"酱汤"状。

"老茶"一般要求高温醒茶、高温冲泡。有的老茶因储存不当而杂有异味，可以通过高温和多次洗茶来尽量排除，选用紫砂壶冲泡也能有很好的修正作用。

②条索的松紧重实程度的评定：一般而言，较紧结重实的茶投茶量要较小，而冲泡水温略高，水温高以充分醒茶。由于紧结茶一散开，溶解速度就会很快，因此，投茶量相对要少。对于储存时间长而又紧结重实的茶要注意控制冲泡的节奏，通常是"前紧后松"，洗茶慢，出汤快，经过出汤较快的数泡之后，就放缓节奏。

③粗老、细嫩程度的评定：较细嫩的普洱（如宫廷普洱）不耐泡，多可用"留根冲泡法"，即每泡茶汤不尽出，以保持其稳定性；水温也要适当控制，避免"煮茶"，尤其要杜绝高温、多次、长时间洗茶而导致茶内有效成分的流失，失去品味和饮用价值。

粗老茶因内含物减少，则要大大增加投茶量，延长冲泡时间，采用高温冲泡，甚至煮饮。

④发酵程度的评定：发酵过度的茶叶滋味淡，需用沸水冲泡，并延长浸泡时间；反之，则出汤要快，否则就浓如酱油难以入口。

⑤匀齐整碎度的评定：茶叶较碎，其浸出物溶解也快，出汤相对地要快。

⑥储存情况的评定：原料好、加工好、储存好的茶品是最好冲泡的。若储存中略有问题，如稍有杂味，则可适当增加洗茶次数；若是茶品因储存不当发生了变质，也就不具备品饮的价值了。

第三步，备茶。

①方法一，现开现喝：对于紧压茶而言，大部分人习惯于现

开现喝。这样很方便，也可以尽量保持茶品形状方面的较完整信息。解茶的技巧在于避免硬撬，要从边缘松散处入手，减少断碎茶的产生，也减少在干茶上留下横七竖八的划痕。目前，最常用的开茶用具为细锥。细锥能最大限度地减少茶叶的断碎，但细锥很尖锐，使用不当容易戳伤，使用时要谨慎。

②方法二：一次解散：一次解散后放入储茶罐储存，便于使用。一般来说，陈年普洱以及香气较高的茶较适合用瓷罐醒茶，新茶及香气较低沉的茶则适合用紫砂罐醒茶。

紧茶 由于紧压茶各个部位的陈化速度不同，采用现开现喝的方法就可能出现茶汤滋味单一和不稳定的情况，因此，也可以先将紧压茶解散混合储存一段时间，使其陈化更为均匀后再冲泡。

散茶 在储存运输过程中，未达到足够数量的散茶往往用塑料袋包装，会对其后发酵产生影响。此外，茶叶在储存中也常会吸收其他气味。这样就需要将其换置到一个更好的环境中，才能释放其韵味。

③方法三，蒸：蒸适用于压制特别紧的青沱。将其放入干净无异味的竹木小甑子内蒸至略松软，用干净棉布包裹，撮散，晾干，放入紫砂罐或瓷罐中待用即可。

第四步，选水。

冲泡茶品离不开水，水为茶体，精茗蕴香，借水而发。"茶性必发于水"，水质好坏与否，在很大程度上决定了茶汤品质高低，"八分之水试十分之茶，茶只八分耳"。古人十分讲究用水，为追求茶的最高境界，不惜求尽天下名水，并留给我们后人用水五字真言："清、活、轻、甘、冽"。

总之，没有好水是泡不好普洱的，这或许就是你总不如别人泡得好的原因所在。如何选水，读者朋友们只有多泡、多品、多比较。

第五步，选具。

冲泡普洱茶，用紫砂壶或盖碗均可，而以宽者优，因宽水更醒普洱，更孕陈香之故。

紫砂壶因其特有的保温性、透气性、吸附性使茶汤更为醇和顺滑，备受茶友推崇，冲泡老茶最为适宜。

用盖碗冲泡，不失真，不走味，原汁原味，能突出茶汤之优缺点。

另外，还需要玻璃公道杯一个，用以展示和欣赏普洱千变万化的茶汤之美。

茶具中当然少不了品茗杯了。市面上有各式各样的品茗杯，陶瓷的、紫砂的、玻璃的，有大如碗的，有小如桃核的。从实践经验来看，普洱生茶适于选择上釉工艺好的瓷碗，因为，这类茶碗盛装高品质茶汤留香好，品饮茶汤后可嗅闻碗中的茶香，体会普洱茶丰富多彩的茶香。而普洱熟茶可选择晶莹剔透的玻璃茶碗，充分感受熟茶汤色的迷人魅力。当然，内胎为白瓷的大品杯是个不错的选择，普洱的品饮注重茶汤的顺、滑、醇、甜，所以不妨稍大口地品饮，同时，白瓷杯也利于衬托汤色，便于观赏。其余冲泡的辅助用具如杯垫、杯夹、茶则等就随个人的喜好了。

需要注意的是：对于不熟悉的茶，建议选择盖碗冲泡。盖碗冲泡可真实地体现茶品的优缺点。而当你发觉所泡茶品是劣质、变质的，盖碗不吸味、不吸水的特性也让你不必担心茶具被"污染"。

第六步，冲泡。

①投茶量：可根据饮者的饮茶习惯、饮者人数、冲泡用具大小等因素来确定。一般而言，生茶较熟茶少，新茶较老茶少，细嫩者较粗老者少。对于特别粗老的茶，投茶量是要大大增加的。

②洗茶：普洱茶应该有洗茶程序。首先，干茶无论是散茶还是紧压茶，都可能有不同的紧结程度，甚至结块，第一步的洗茶

（温润泡程序）有助于茶叶均匀舒展，更好发挥茶性。其次，由于普洱茶加工制作要经过很多环节，难免沾染上一些灰尘或杂质，洗茶是必要的。再者，对于老茶，由于储存时间长，洗茶尤不可少。更为重要的是，通过洗茶，可更进一步真切而准确地了解茶品。

洗茶总原则是透出茶香。以高温水注入，略闷后出汤，洗茶水一出，便揭盖闻香，茶香不出以及茶香不正的，就继续洗茶程序；茶香一出，洗茶程序即告结束，切不可一洗再洗。

③水温：冲泡普洱茶的水温要高，一般情况可直接用沸水冲泡，针对具体茶品以各地沸点为基准进行调节。

选料细嫩的茶品（如宫廷普洱），90℃左右即可，可通过吊水的手法适当降温冲泡；特细嫩者，水温还要略低些。

陈年普洱需要高温冲泡，沸水温壶及壶外加温都可有效提高冲泡温度。也有特例：有些陈年普洱，通过80℃左右的水温较长时间浸泡，茶汤也显得相当醇和。这种方法适合于香气略逊，但茶味醇正的普洱。

每一泡对水温的控制把握，也要根据茶的内质感觉而细微调整。例如，叶底不均有花杂、出汤特别快、茶汤较浓的，在后续冲泡时都可稍降一点温。

粗老茶可用煮茶法，洗茶后沸煮1分钟左右，若滋味还较足可再煮1~2次。

④冲泡节奏：指浸泡时间和冲泡频率。除去冲泡环境、饮者人数等外部因素，冲泡的节奏要根据茶品品质来决定。例如，陈年好普洱，应加快冲泡频率以保持壶内高温；香气好而浸出慢的茶品，应略增加浸泡时间并舒缓频率。

第七步，选择恰当的冲泡技巧。

①滗干泡法：也就是类似乌龙茶的泡法，每泡茶汤尽出，不留茶根。这样泡的特点是，可以很好地欣赏一道茶的变化，看是

否耐泡，体验每一泡茶汤不同的汤色、香气、滋味等的变化。

②留根泡法：即洗茶后自始至终将泡开的茶汤留一部分在茶壶里，不把茶汤倒十。一般采取"留二出八"或"留半出半"。每次出汤后再注水，直到茶味变淡。此时，可长时间闷泡。留根闷泡法能调节从始至终的茶汤滋味，使其每一泡的变化不那么突兀。

③煮泡法：这种泡法适用于选取料较粗老的茶品，例如，经过轻度潮水工艺的粗老茶。煮泡法若用西式玻璃器皿，既可以看到水滚茶漂的动感画面，也可以欣赏茶汤的色彩如何一丝一缕沁润开来的过程，可以增加不少乐趣。若采用带有少数民族色彩的陶器，那又是另一番风味了。

④特殊冲泡法：有些高香而浸出慢的茶品冲泡很特别：以高温快速洗茶一道，第一泡略闷，结合"留根泡法"，后续冲泡则快进快出。

⑤修正法：稍有杂味而内质较好的老茶品，洗茶及前两泡可以高温处理，后续冲泡则以大幅降温闷泡处理；香气、汤色不足的新茶品，洗茶高温略闷，冲饮时高温而节奏加快。

虽然普洱茶的冲泡富于变化，但对于泡茶人来说，最好的技艺都是建立在对茶叶了解的基础上。

二、冲泡示例

普洱茶散茶泡法。

（1）备茶。在茶盒内准备适量的普洱茶散茶。

（2）备水。将水烧开待用。

（3）备具。准备好紫砂壶、玻璃公道杯、茶道组、茶巾、水盂、奉茶盘等。

（4）行礼。

（5）入座调息。

（6）赏茶。

（7）温杯洁具。

（8）投茶。普洱茶的投茶量一般为 5~8g。

（9）洗茶。普洱茶洗茶时，用水量宜多一些，可起到醒茶的作用。待浸润茶叶后，将水倒出。

（10）冲泡。

（11）分茶。将茶汤倒入玻璃公道杯。

（12）观赏茶汤。双手端起公道杯，观赏茶汤的色泽和净度。

（13）奉茶。

（14）品饮。

（15）收具。

第六章 茶艺师的礼仪、接待知识

第一节 茶艺师的礼仪、接待

一、礼仪与接待的内涵

礼仪是在人际交往中，以一定的、约定俗成的程序、方式来表现的律己、敬人的过程，涉及穿着、交往、沟通、情商等内容。从个人修养的角度来看，礼仪可以说是一个人内在修养和素质的外在表现。从交际的角度来看，礼仪可以说是人际交往中适用的一种艺术，一种交际方式或交际方法，是人际交往中约定俗成的示人以尊重、友好的习惯做法。从传播的角度来看，礼仪可以说是在人际交往中进行相互沟通的技巧。

礼仪的主要功能，从个人的角度来看，一是有助于提高人们的自身修养；二是有助于美化自身、美化生活；三是有助于促进人们的社会交往，改善人们的人际关系；另外，还有助于净化社会风气。从团体的角度来看，礼仪是企业文化、企业精神的重要内容，是企业形象的主要附着点。

二、茶艺师礼仪与接待要求

茶艺师是茶艺馆最直接的展示窗口，一言一行，一举一动，都是至关重要的，所以，要以好的形象来接待顾客，而学习礼仪就是第一步。茶艺中所体现的礼仪包括个人卫生、发型选择、皮肤保养、服装、用语，还有热情的微笑与动作的美感也是对茶艺师礼仪与接待的要求。

1. 礼仪与接待的要求

（1）个人卫生。茶艺师所从事的工作实际上是一项饮食服务工作，客人可以通过茶艺师个人卫生推断出茶艺馆的卫生状况，从而影响客人的消费。茶艺师在工作前要做好个人卫生，服装整洁，不宜食用有刺激性气味的食品。

（2）发型。作为茶艺师要做到头发整洁、无异味，保持自然色的头发，发型大方得体。一般说来，男性茶艺师的头发长度要适宜，前不及眉，侧不遮耳，后不及领，不留胡须或大鬓角；而女性茶艺师的发型则较为多样，但也要符合自然、大方、整洁、美观的原则，与自己的脸型、身材、年龄、气质相符和，结合茶艺的。内容，尽可能取得整体和谐美的效果，切忌做怪异的新潮发型。长发者应梳到后面，不要让头发垂下来，影响操作。

（3）皮肤保养。茶艺师除常规的皮肤保养外，要特别注意手部皮肤的保养，可以经常进行按摩，但不要使用气味浓烈的护手霜，以免影响泡茶。健康的身心和良好的生活习惯、合理的饮食、科学的皮肤护养方法，这些都能让你拥有健美的肌肤。

（4）服装。根据茶艺馆的不同应选择不同风格的着装。具体要求，如表6-1所示。

表6-1　茶艺馆类型及着装风格

茶艺馆类型	特征	茶艺师着装风格
宫廷式	陈设豪华、讲究，按宫廷摆设营造	各朝代的宫廷服装（尤以汉、唐、清为主）
庭院式	高贵、典雅，体现人与自然的融合，强调室外环境	能代表中国传统文化的服装（如旗袍、中山装、改良式唐装、现代茶服）

（续表）

茶艺馆类型	特征	茶艺师着装风格
茶楼式	以中国各地传统家居厅堂为模式，古色古香	具有各地特色的传统服装
红茶坊	明快、爽朗、色泽鲜艳，适合年轻人的口味，同时兼具浪漫风格	传统英伦风格同时具备可操作性强的制服
茶餐厅	将喝茶和吃饭放在一起，适合现代快节奏的生活	酒店中餐厅制服
异国风情式	异国的建筑风格和饮茶习惯	各国具有代表性的传统服装（如韩服、和服）

（5）语言。在首次同客人见面或接触时，能够使用标准的普通话，并同时做到称呼恰当，问候亲切，表情自然。要注意语气的自然流畅、和蔼可亲，在语速上保持匀速，任何时候都要心平气和、礼貌有加。

（6）微笑。微笑是一名茶艺师最好的名片，对待客人应有真诚而发自内心的微笑。

（7）动作。行茶礼仪动作多采用含蓄、文雅、谦逊、诚挚的动作。作为茶艺师，为了体现茶叶的灵性，充分展示茶叶之美，要以自身理解去演绎茶文化的丰富内涵，在整个茶艺过程中都要体现"廉、美、和、敬"的茶道精神。

2. 基本姿势介绍

习茶的主要目的在于自省修身，多采用含蓄、文雅、谦逊、诚挚的礼仪动作，不主张用夸张的动作及客套的语言，尽量用微笑、眼神、手势等示意。通过传统舞蹈、太极、瑜伽的学习，有助于行茶姿态的训练，基本动作的要求是自然协调，切忌生硬与随便。讲究调息静气，发乎内心，行礼轻柔而又表达清晰。通过习茶基本姿态可以表现茶艺的艺术美感，有助于净化习茶者的心灵，去除浮躁之心。男士和女士在习茶时的基本姿势有所不同，男士主要体现出阳刚之美，女士则体现出柔和和轻盈。下面就习茶的基本姿势做简单的介绍。

（1）站姿。优美而雅观的站姿，是体现茶艺人员仪表美的起点和基础。男性站姿，身体直立站好，正面看；脚跟相靠，脚尖分开，与肩同宽，呈50°~60°；双手手指自然伸直，并拢，右手握左手手腕，贴于腹部，双目平视前方。女性与男性不同的是，双脚并拢，双手手指自然伸直后，右手张开虎口略为握在左手上，贴于腰部；其下颚应微收，眼睛平视前方，胸部稍挺，小腹收拢，整个体型显得庄重平稳。

（2）行姿。人的正确行姿是一种动态美，男性行姿双手自然下垂，呈半握拳状；头部微微抬起，目光平视；肩部放松，手臂自然前后摆动，身体重心稍向前倾，腹部和臂部要向上提，由大腿带动小腿向前迈进，一般每一步前后脚之间的距离20~30cm，行走线迹为直线。女性行姿，双手放于腰部不动，或双手放下，手臂自然前后摆动，颈直，肩平正，脚尖向正前方，自然迈步。步速和步幅也是行走姿态的重要方面，由于茶艺人员的工作性质决定，在行走时，要求保持一定的步速，不要过急，步幅不可以过大；否则，会给客人带来不安静和不舒服的感觉。另外，步幅的大小还取决于茶艺人员所穿的制服，如果着裙装步幅宜小一些，若着裤装则宜步幅大一些。

（3）坐姿。茶艺人员为客人沏泡各种茶时大多需要坐着进行，因此，良好的坐姿显得十分重要。男性坐姿，双腿自然相靠，脚尖朝正前方，双手自然平放在大腿上，指尖朝正前方，盘腿坐姿态为右腿在前，左腿在后，屈膝放松，双手自如地放于双膝上。女性坐姿与男性不同的是，双手微微相握，贴于腰部。行茶时，要求头正肩平，肩部不能因为操作动作的改变而左右倾斜，双腿并拢；双手不操作时，手指合拢，微弯曲，平放在操作台茶巾上，面部表情轻松愉悦。

（4）跪姿。此姿势在茶艺表演中较少使用，但在表现日本茶艺、韩国茶艺或无我会中仍会使用到。男性双腿并拢，跪下后，左脚尖放在右脚尖上，自然坐落，胳膊肘略弯，双手放在大腿上，头部微微往上抬；女性与男性所不同的是，双手相握，放于腰部，颈项挺直。

3. 礼仪举止介绍

（1）鞠躬礼。鞠躬是中国的传统礼仪，即弯腰行礼，一般用于茶艺人员迎宾、茶艺表演开始、结束及送客时。鞠躬礼分为站式、坐式和跪式3种。行礼时，站式双手自然下垂略向内，男性手指伸直，女性微弯，坐式和跪式行礼应将双手放在双膝前面，指尖不要朝正前方。在行礼时，动作要缓慢、优雅，呼吸均匀，朝下时呼气，起身时吸气，行礼后应亮相。具体见表6-2。

表6-2 鞠躬礼的分类

鞠躬的分类	角度大小	适用对象及场合
真礼	90°左右	长辈、德高望重者。非常正式的茶艺表演的开始及结束
行礼	45°左右	同辈之间或一般的茶艺表演开始及结束
草礼	30°左右	对晚辈还礼、迎宾或送别客人

（2）伸手礼。伸手礼是茶事活动中最常用的礼节。行伸手礼时，手指自然并拢，手心向胸前，左手或右手从胸前自然向左或向右前伸，以肘关节为轴心指示目标，随之手心向上，同时，讲"请""谢谢""请观赏""请帮助"。伸手礼主要用在引领客人、介绍茶具、赏茶、示意客人、奉茶、与助泡交流时使用。茶艺师切忌用手指指点物品。

（3）注目礼和点头礼。注目礼是用眼睛庄重而专注地看着对方，点头礼即点头致意，这2个礼节一般在向客人敬茶或奉上某物品时一并使用。注目礼在介绍茶具和茶品与客人交流时，也要用到。

4. 与客人沟通的礼仪与技巧

沟通，就是在需要的时候传递信息。茶艺师在介绍茶品时，能够向客人介绍茶单上没有来得及添加的新茶，或是根据客人的口味推荐其他的茶品，这就是在向客人提供优质的服务。经验丰富的茶艺师能理解客人想要了解什么，并用不唐突的方式向客人提供信息，而不是用炫耀知识或强硬的口气给客人提供他不想要的茶饮。有些客人很喜欢幽默，而有的客人更愿意保持距离，优秀的茶艺师会根据场合及适当的时候与客人调整交流和沟通。

（1）说话时的礼仪与技巧。说话时，始终面带微笑，表情要尽量柔和自然。沟通时，看着对方的三角区（眼睛与鼻子之间），当然也应有眼神的交流。对老年人用尊敬的眼神，对小孩用爱护的眼神，对大多数客人用亲切、诚恳的眼神。平时，要情绪稳定，目光平视，面部表情要根据接待对象和说话内容而变化。

注意保持良好的站姿和坐姿，即使和客人较熟也不要过于随便。

与客人保持合适的身体距离；否则，距离太远显得生疏，距离太近又会令对方感到不适。

说话时，音高、语调、语速要合适。

语言表达必须清晰，不要含糊不清。

如果客人没听清你的话，应耐心加以解释，并为自己没有说清表示歉意。

（2）倾听时的礼仪与技巧。客人说话时，必须保持与其视线接触，不要躲闪，也不要四处观望。据统计表明，每次目光接触的时间不要超过 3 s。交流过程中用 60%~70% 的时间与对方进行目光交流是最适宜的。少于 60%，则说明你对对方的话题、谈话内容不感兴趣；多于 70%，则表示你对对方本人的兴趣要多于他所说的话。

服务中要认真、耐心地聆听客人讲话，对客人的观点表示积极回应，即使不认同客人观点也不要与之争辩。

三、茶艺馆服务程序

由于地区、民族、文化、风俗习惯的不同，不同茶艺馆可能会采用不同的服务方式，但无论何种服务都应讲究环境布置、气氛渲染和礼仪礼貌。下面就多数茶艺馆采用的服务方式做介绍。

1. 准备充分

保持茶馆厅堂整洁、环境舒适、桌椅整齐。检查服务员的仪容、仪表是否符合规范，各类物品准备是否充分。

2. 热情迎客

站立迎宾，当问候客人时可采用三步问候法（第一步，客人在较远处约 10 m 时，用目光关注问候客人；第二步，客人朝自己走来后约 5 m 外，用微笑问候客人；第三步，当客人走到面前后，用语言问候客人）。主动为客人拉椅让座，根据客人的要求和特点安排不同的位置，如对有明显生理缺陷的宾客，要注意安排在适当的位置就座，能遮挡其生理缺陷。

3. 上水、递巾

用托盘恭敬地向宾客递送香巾（热毛巾）、冰水或白开水，然后送上茶单（或送上茶叶样品），耐心仔细地倾听客人的要求，记录后若有必要可复述 1 遍。对客人不清楚的茶品，或拿不定主意饮什么茶时，应热情礼貌、有针对性地推荐。

4. 取茶、备具

根据客人所点茶及茶食，按规定正确填写。根据不同的茶准备不同的茶具。

5. 茶叶冲泡或茶艺表演

根据不同客人的需要为客人冲泡茶叶或进行茶艺表演。

6. 敬茶

茶艺师应按照礼仪顺序，依据先长者、后其次，先主宾、后次宾，先女士、后男士的次序上茶。若来宾较多，且差别不大，则茶艺师可按照顺时针方向依次上茶。这里尤其要注意的是，招待众多客人的茶水应事先准备好（绿茶可事先浸润，红茶、花茶可事先泡好，乌龙茶可到台面上当场冲泡），然后装入茶盘，送到桌上。茶艺师为客人上茶的具体步骤是：先将茶盘放在茶车或备用桌上，右手拿着杯托，左手附在杯托附近，从客人的右后侧将茶杯递上去（不要碰到杯口，并注意盘子的平衡），报上茶名，并说"请用茶"。茶杯就位时，有柄的杯子杯柄要朝外，方便客人拿取。每杯茶以斟杯高的七分满为宜。

7. 中途服务

关注客人，及时满足客人的各种需要。当杯中水量不及 1/3 时，主动为客人续水。如需上茶食、茶点，事先应上牙签、调料等。上茶食也是从上茶的固定位置，轻轻送上，介绍名称，对特别的茶食还应介绍其特点。每上一道茶食最好进行桌面调整。桌上有水渍或杂物要及时擦拭整理，保持桌面整洁。

8. 准确结账

客人饮茶完毕时，主动询问客人还需要什么服务。如客人示意结账，即告知收银员，核对账单后将其放入收银夹内，从客人右边递上，按规定结账并道谢。

9. 礼貌送客

客人离座，应替客人拉椅、道谢，欢迎再次光临。之后，整理桌面，收拾茶具，桌椅摆放整齐，准备迎接新客人。

第二节　茶艺馆工作人员的岗位职责

茶艺馆一般有经理、领班、迎宾员、茶艺师、服务员等。茶艺馆应根据规模定员定编，确定岗位职责。初级茶艺师要了解各岗位的职责，配合工作。

1. 茶艺馆经理的主要职责

（1）了解茶艺馆内的设施情况，监督及管理茶艺馆内的日常工作。

（2）安排员工班次，核准考勤表。

（3）定期对员工进行培训，确保茶艺馆服务标准得以贯彻执行。

（4）经常检查茶艺馆内的清洁卫生、员工个人卫生、服务台卫生，以确保宾客饮食安全。

（5）与宾客保持良好关系，协助营业推广，反映宾客的意见和要求，以便提高服务质量。

（6）签署领货单及申请计划，督促及提醒员工遵守茶艺馆的规章制度并做好物品的保管。

（7）抓成本控制，严格堵塞偷拿、浪费等漏洞。

（8）填写工作日记，反映茶艺馆的营业情况、服务情况、宾客投诉或建议等。

（9）经常检查常用货物准备是否充足，确保茶艺馆正常运转。

（10）及时检查茶艺馆设备的状况，做好维护保养、茶艺馆安全和防火工作。

2. 茶艺馆领班的主要职责

（1）接受经理指派的工作，全权负责本区域的服务工作。

（2）负责填报本班组员工的考勤情况。

（3）根据宾客情况安排好员工的工作班次，并视工作情况及时进行人员调整。

（4）督促每一个服务员并以身作则大力向宾客介绍推销产品。

（5）带领服务员做好班前准备工作与班后收尾工作。

（6）营业结束带领服务员搞好茶艺馆卫生，关好电灯、电力设备开关，锁好门窗、货柜。

（7）配合茶艺馆经理对下属员工进行业务培训，不断提高员工的专业知识和服务技能。

（8）核查账单，保证在宾客结账前账目准确。

3. 茶艺馆迎宾员的主要职责

（1）在本茶艺馆进口处，礼貌地迎接宾客，引领到适当座位，拉椅让座。

（2）通知区域领班或服务员，及时送上茶单及其他服务。

（3）熟知茶艺馆内所有座位的位置及容量，确保相应的座位上有适当的人数。

（4）将宾客平均分配到不同的区域，平衡工作量。

（5）接受或婉言谢绝宾客的预订。

（6）帮助宾客存放衣帽雨伞等物品。

4. 茶艺师的主要职责

（1）每天负责准备好充足的货品及用具。

（2）根据宾客的要求准备不同的茶叶及沏泡用具。

（3）按照不同的茶叶种类采用不同的方法为宾客沏泡。

（4）沏茶时要认真地按照茶艺方法和步骤进行沏泡。

（5）耐心细致地为宾客讲解。

（6）要协调好与服务员的关系。

5. 服务员的主要职责

（1）负责擦净茶具、服务用具，搞好茶艺馆卫生工作。

（2）熟悉各种茶叶、茶食，做好推销工作。

（3）按茶艺馆规定的服务程序和规格，为宾客提供尽善尽美的服务。

（4）为茶艺师当好助手。

（5）负责宾客走后的收尾工作。

（6）接受宾客订单，搞好收款结账工作。

（7）随时留意宾客的动静，以便宾客召唤时能迅速做出反应。积极参加培训，不断提高服务技能、服务质量。

6. 茶艺馆的经营与管理

茶艺馆是弘扬我国茶文化的窗口和前沿阵地，是物质文明建设与精神文明建设的统一体。作为企业，它不仅要向人们提供精神与物质的享受，也要努力为自身创造经济效益。

（1）高雅文化品位的确立。高雅的文化品位是茶艺馆的经营特色；弘扬我国茶文化，振兴我国茶业经济是茶艺馆的经营宗旨。经营宗旨是企业经营的哲学、信条、方针和理念，是企业的立业之本，如果企业没有明确的经营宗旨和特色，企业本身也就失去了生存的价值、空间。

中国茶文化博大精深，有着非常丰富的内涵。茶艺馆的经营宗旨、灵魂是弘扬我国茶文化，所以，在市场定位上，一定要有鲜明的经营特色，坚持以茶文化为中心，围绕茶文化做文章。在装修设计上，无论是豪华或简朴，都以传统的民族文化为基调，融合民族传统的美学、建筑学、民俗学，创造一个浓郁的传统文化氛围。在装潢布置上，诗、书、琴、画，用具器皿要处处显示传统文化特色。茶艺馆的每一个角落，都要给客人一个强烈的感觉：未品香茗，已闻茶香；未读茶经，已识茶道。

要坚持高品位的茶文化是一件不容易的事，特别是对一些新开办的茶艺馆。有很多高品位的茶艺馆惨淡经营，默默做着茶文化的推广普及工作，但也有小部分茶艺馆从短期的企业效益出发，急功近利，打着茶艺的招牌，经营餐饮、酒水、饮料。熙熙攘攘的食客在别人喝茶的同时，却大块食肉，大碗喝酒，大声喧哗，这些所谓的茶艺馆，虽然得到眼前的经营效益，却亵渎了茶文化的基本精神，失去了企业存在的价值。

（2）服务对象的选择。一定的客源是维持茶艺馆生存的必要条件，从商业经营的角度看，"人旺财旺"，只有顾客多了，生意才会好，生意好了，企业效益自然会高。但在现阶段，人们的文化修养、消费水平存在较大的差异，优雅的文化氛围和淡寡清廉的消费方式不可能马上为大众所接受，茶文化的普及有一段艰难曲折的历程。所以，在服务对象和客源选择上，茶艺馆应该有所侧重。当前，茶艺馆的主要客源是：

①茶艺会员：茶艺馆发动和组织一批有志于弘扬我国茶文化的专业人士、文人雅客、商界人士，兴办茶艺会，会员既是固定客源，又是茶艺事业的倡导者和推动者。

②海内外游客：每个地区都有一些自然的旅游资源，茶艺馆可配合地方的旅游建设，作为人文景观，与当地的旅游部门挂钩定点。这样，不仅可以把我国茶文化介绍给海内外游客，同时，也可以促进茶叶、茶具等茶艺商品的销售。

③普通散客：由于茶文化的兴起，品茶已成为很多有品位喜欢茶的人士日常的消遣，茶艺馆已是人们聊天休息、洽谈业务、谈情说爱的好场所。无论是洽谈业务、聚会聊天，还是谈情说爱，人们已经厌倦了酒吧、歌舞厅的喧闹，喜欢寻觅一个安静、优雅的地方。茶艺馆自然是人们追求时尚的首选，这部分客源也是茶艺馆繁荣的重要组成部分，消费水准相对较高。

（3）整体服务水平的提高。新一代茶艺馆是新生事物，在市场经济大潮下，必然面临严峻的挑战和激烈的竞争，要立于不败之地，除了坚持高品位的文化特色外，还须不断提高整体的服务水平。

由于面对的是较高层次的服务对象，所以，要求茶艺服务人员和管理人员具备比一般服务行业更高的文化素质和服务水平，茶艺馆从业人员通过自己的"讲"和"做"，使服务对象得到精神和物质文化的享受。

第七章　茶艺表演基础知识

第一节　茶艺表演的内涵及类型

一、茶艺表演的内涵

1. 茶艺表演的形成和发展

茶艺表演也称为茶道表演或表演型茶艺，是指不同于日常生活中的茶叶冲泡和品饮，侧重表演性和观赏性的茶事活动。

茶艺表演并不是与茶叶的利用同时出现的。只有当人们在喝茶解渴的过程中，将冲泡、品饮过程与人们的精神理念结合起来，并通过一定的艺术形式表现出来，茶艺的产生才成为可能。我国封建时代的唐、宋、明、清时期是茶艺表演的形成和发展时期，而当代社会则是茶艺表演的鼎盛时期。

茶艺表演的历史可以追溯到唐代。陆羽在总结前人的经验并结合自己的实践经验基础上，在他所著的《茶经》一书中对茶叶的加工、茶具和泡茶用水的选择、烹煮程序、茶汤品质等方面提出具体要求，使冲泡和品饮形成了有固定标准的程式，为表演提供了必要的条件。陆羽与同时代的常伯熊就曾经进行过表演。

据唐代封演《封氏闻见记》卷六记载："楚人陆鸿渐为茶论，说茶之功效，并煎茶、炙茶之法。造茶具二十四事，以都统笼贮之。远近倾慕，好事者家藏一副。有常伯熊者，又因鸿渐之论而广润色之，于是茶道大行，王公朝士无不饮者。御史大夫李季卿宣慰江南，至临淮县馆，或言伯熊善茶者，李公请为之。伯熊著黄被衫、乌纱帽，手执茶器，口通茶名，区分指点，左右刮目。茶熟，李公为啜两杯而止。既到江外，又言鸿渐能茶者，李公复请为之。鸿渐身衣野服，随茶具而入。既坐，教摊如伯熊故事，李公心鄙之。茶毕，命奴子取钱三十文酬煎茶博士"。

从这条记载可以看出，早在唐代，茶艺的基本程式已经形成，并且可以在客人面前进行表演。常伯熊在表演茶艺时已经有一定的服饰、程式、讲解，具有一定的艺术性和观赏性。

宋代在制茶工艺和冲泡品饮上有了发展，点茶法更注重操作的技艺与茶汤的美观。由点茶法衍生形成的斗茶更是成为一种表演性较强的茶叶冲泡技艺。

在斗茶盛行的同时，宋代还流行一种泡茶游戏——分茶，也叫"茶百戏"。宋代诗人杨万里的《澹庵坐上观显上人分茶》一诗就是观看分茶的感受。宋初陶谷在《清异记》中记载有两段文字：

"沙门福全能注汤幻茶，成诗一句，并点四碗，泛乎汤表。檀越日造门求观汤戏"。

"茶自唐始盛，近世有下汤运匙，别施妙诀，使茶纹水脉成物象者，禽兽虫鱼花草之属，纤巧如画，但须臾即就散灭。此茶之变也，时人谓之茶百戏"。

由此可见，宋代的茶叶冲泡已经和书法、诗歌等艺术形式相结合，达到了较高的艺术境界，具有很强的表演性、观赏性和娱乐性。

至此，茶叶的冲泡和品饮不再是单一的品饮活动，而是多种艺术形式的综合，这使饮茶由满足生理上解渴的需求上升为一种追求生活艺术化，实现精神愉悦和心灵慰藉的精神活动。

明、清时期，在加工方法和品饮方法上发生了重大变革，散茶替代了饼茶并逐步形成了六大茶类。瀹饮法取代了唐、宋的烹点法，冲泡用具随之产生变化，瓷器茶盏更加精美，紫砂壶出现并受到广泛喜爱。冲泡程序逐步简化，茶艺更加普及化，更加注重茶叶色、香、味带给人的心理感受。明代宁王朱权在其《茶谱》一书中就专门记载有类似今天茶艺表演的冲泡程序。清代，六大茶类形成，出现了各具茶类特点和地域特点的特色茶艺。如潮汕功夫茶茶艺就是艺术性和观赏性较强的茶艺表演，至今仍活跃在茶艺表演的舞台，焕发着恒久的艺术魅力。

当代是茶产业和茶文化发展的鼎盛时期，随着人们物质生活和精神文化生活水平的不断提高，各地在挖掘、整理、创新传统茶艺、民族茶艺方面做了很多工作，使茶艺表演舞台呈现出百花齐放的可喜局面。作为中华民族传统文化中的精华，当代的茶艺表演不仅成为传承传统文化的一种途径，而且因其与时代特点紧密结合，受到越来越多的老、中、青、少各个年龄段人们的喜爱，茶艺培训如火如荼，茶艺表演、茶艺大赛频频举办，当代茶艺表演呈现出前所未有的大好局面。

2. 茶艺表演的内涵及特点

茶艺表演是中华民族在长期的生活实践中形成的一门综合性艺术，是指以茶叶的冲泡和品饮技艺为主要表演手段，借助舞台表演艺术的形式，通过展示茶文化内涵与艺术感染力使人得到熏陶和启示的艺术形式。

为便于了解茶艺表演的内涵，我们将其特点归纳如下。

（1）茶艺表演是民族文化和民族精神的载体。茶艺表演反映了中华民族的生活形态和精神追求，是我们继承和发扬中华民族传统文化的最佳途径。这就要求我们在学习的过程中积极领悟其中所蕴含的民族文化和民族精神，而不是机械地学习动作和神态。只有理解并领会了茶艺表演中所蕴含的民族文化和民族精神，我们的表演才会是具有灵魂的艺术表演，也才能以其独有的文化和精神内涵吸引观众、打动观众、感染观众。

（2）茶叶的冲泡和品饮技艺是茶艺表演的主要表演手段。茶叶的冲泡和品饮技艺是茶艺表演有别于其他表演形式的重要特征。既然，称为"表演"，要求遵循两个原则：一是合理，即合乎冲泡和品饮的科学原理；二是美观，具有可观赏性。作为舞台表演艺术，茶艺表演允许在动作上有艺术性的夸张，但这种夸张不是违背以上原则的恣意妄为，更不能以配合茶艺表演的音乐、舞蹈为主体，忽视茶叶的冲泡和品饮，将茶艺表演演变成某种乐器的演奏或舞蹈表演。

（3）舞台表演艺术形式是茶艺表演的主要形式。作为舞台表演艺术形式，茶艺表演涉及主题、人物、服饰、道具、音乐、灯光、讲解等要素，表演中要把这些要素协调统一起来，做到主题突出，人物安排合理，服饰、道具、音乐、灯光协调一致，讲解恰当得体。

（4）展示茶文化内涵与艺术感染力是茶艺表演的目的。在茶艺表演中，茶是表演的核心，其他要素都是围绕茶来进行的。通过表演或授人以知识；或启发人的思维；或展示民族茶艺的丰富多彩；或反映茶文化的博大精深。总之，要让人在观看的过程中得到心灵的愉悦与精神的享受。如果忽略了茶以及茶文化的内涵，茶艺表演只是一种假借了茶艺之名的演出，与茶艺表演并没有本质上的联系。

3. 茶艺表演的构成

茶艺表演包括主题、内容、形式等方面，涉及茶叶、茶具、用水、表演者、服饰、道具、音乐、灯光、讲解等要素。关键是围绕主题将内容和形式有机地组合起来，达到预期的效果。

（1）主题。主题是茶艺表演的灵魂。茶艺表演的主题是由茶叶、茶具、用水、冲泡方式和服饰、背景、音乐、讲解所共同构成的表演理念。在茶艺表演主题的诸要素中，茶叶是其核心，茶具、用水、冲泡方式是根据茶叶来确定的，而服饰、背景、音乐、讲解也是围绕茶叶来选择安排的。如云南省普洱茶具有汤色红浓明亮、滋味醇厚回甘、陈香的品质特点，这与云南少数民族历经岁月沧桑变化，百折不挠、坚强不屈的性格特点相印证。选择普洱茶作为表演用茶，就要围绕普洱茶本身所具有的品质特点、悠久的历史和丰富的文化意蕴来选择相关用品，通过表演展示云南的少数民族茶文化和历史。

总之，在思考如何进行茶艺表演的时候，首先要考虑的应该是主题。

（2）内容。确立了茶艺表演的主题，可以围绕以下几个方面来选择茶艺表演的内容：或展示古代宫廷茶艺、文人茶艺、宗教茶艺、民族茶艺等丰富多彩的茶艺类型；或表现各个历史时期、各阶层、各民族的饮茶习俗，反映丰富多彩的中国茶艺；或结合现实生活中喜庆联欢、朋友相聚、家人团圆的场景渲染气氛，提升其文化品位。

解说是茶艺表演主题和内容的重要表达途径，恰当的解说可以起到画龙点睛的作用，帮助观众了解表演的内容，激发观众的审美情趣，引发观众的共鸣。

解说以言简意赅为宜，切忌长篇大论、宣讲说教，以免引起观众的反感。观众能看懂并理解的时候，不作解说效果更好。"此时无声胜有声"。

（3）形式。内容决定了形式。茶艺表演的形式包括表演者、服饰、道具、冲泡和场地等。

表演形式的选择首先是对表演者的选择。表演者是茶艺表演的主体，对表演者的要求有外在条件和内在条件2个方面。外在条件包括了身高、体形、相貌等。就年轻女性而言，一般来说要求表演者身材苗条、体形秀美、相貌清秀。除了外在的形态美以外，双手形态的美观尤为重要。因为，在表演的过程中是以双手的操作为主，观众的视线会更多地关注到表演者的双手。手形以修长匀称、白皙为宜。就内在条件而言，要求表演者具备一定的文化素质与艺术素养，具备一定的舞台表演技巧，经过专门的茶文化知识和冲泡技艺培训，冲泡娴熟，动作优雅，具有与茶艺表演内容相符合的高雅气质。民族茶艺重在表现民族饮茶习俗和民族文化风情，可根据需要选择男性或年长者来表演。

表演者的服饰是茶艺表演的重要元素。服饰包括服装、饰物和化妆。选择什么服饰不仅要考虑穿戴得体与否的问题，更要注重与茶、茶具、环境、主题的和谐。一般而言，服装以中式为宜，不宜选择长袖服装，以免拂倒茶具、茶汤，影响操作。表演时不宜佩戴手表、戒指、项链等饰物，女性表演者的饰物以一只玉手镯和一支发钗为宜。化妆宜淡妆，不宜浓妆艳抹，如图7-1和图7-2所示。

图7-1 茶艺表演

图7-2　茶艺表演

道具的选配。道具包括装饰器物、音乐、灯光、背景等。道具的静态组合，我们称为茶席设计。有关茶席设计将在下一节作专门介绍。

二、茶艺表演的类型

茶艺表演的类型根据不同的标准可以进行不同的划分。

（1）按茶叶分类。按茶类划分，如绿茶茶艺、红茶茶艺、花茶茶艺等。还可以具体到某一种茶叶，如龙井茶茶艺、碧螺春茶艺、滇红功夫茶茶艺、铁观音茶艺等。有多少种茶，就有多少种茶艺。

（2）按主泡用具。主泡用具有盖碗、紫砂壶和玻璃杯，按主泡用具划分就有盖碗茶艺、紫砂壶茶艺和玻璃杯茶艺。

（3）按时代特征。如唐代茶艺、宋代茶艺、明代茶艺、清代茶艺、当代茶艺。

（4）按社会阶层。如宫廷茶艺、文人茶艺、宗教茶艺、民间茶艺等。

（5）按不同民族。如汉族茶艺、回族茶艺、藏族茶艺、蒙古族茶艺等。

除了以上各种茶艺类型外，人们还在挖掘、整理传统茶艺、民族茶艺的基础上进行了改良和创新，并形成了很多创新茶艺，如中国台湾功夫茶茶艺、云南省普洱茶茶艺等。

第二节　茶席设计

一、茶席设计的内涵

宋代文人在唐代茶艺表演的基础上，形成了焚香、挂画、插花、点茶"文人生活四艺"，反映了宋代茶人对营造冲泡、品饮环境的重视。此后，随着制茶工艺的改进，各种茶具的变化以及人们审美意识的增强，营造良好、舒适的冲泡、品饮环境受到了更广泛的关注。

我国当代茶文化研究者根据我国传统茶艺表演的特点提出了"茶席设计"这一概念。2002 年，童启庆主编的《影像中国茶道》一书中对"茶席设计"是这样表述的："茶席是泡茶、喝茶的地方，包括泡茶的操作场所、客人的坐席以及所需气氛的环境布置。茶席设计是学茶的必修课程，也是茶人应有的修养与能力。"2005 年，上海市茶文化中心研究员乔木森所著《茶席设计》一书第一次全面、系统地探讨茶席设计，成为茶席设计研究的专著。该书对茶席设计的内涵是这样表述的："所谓茶席设计，就是指以茶为灵魂，以茶具为主体，在特定的空间形态中，与其他的艺术形式相结合，所共同完成的一个有独立主题的茶道艺术组合整体。"这一表述，为茶席设计作出了比较准确的定位。

对中国茶艺作专题研究，反映了当代中国茶文化的良好发展，同时，也为中国茶艺增添了丰富的内涵。

二、茶席设计的构成

茶席设计的构成要素包括茶、茶具、台布、焚香器具、茶艺插花、书画作品、装饰工艺品、茶点茶果、背景等。下面逐一作简要介绍，供大家在学习过程中参考。

1. 茶

茶是茶席设计的核心，一切设计都是围绕茶来进行的。在茶席设计中，茶应该摆放在显著的位置。

盛放茶叶的器具可以用瓷质、陶质茶罐，如乌龙茶、红茶；可以用洁净的白色茶盒，如外形、色泽美观的绿茶；或者用木架摆放，如普洱茶饼茶、砖茶、团茶，如图7-3和图7-4所示。

图7-3　紫砂茶罐

图7-4　普洱茶团茶

2. 茶具

茶席设计中的茶具通常是以组合的形式出现。陆羽在《茶经·四之器》中提出了24器的完整组合，后人在此基础上进行加工改进，使茶具异彩纷呈，散发出迷人的魅力。

茶具特点是实用性与艺术性的结合。从实用性的角度来看，茶席设计所选择的茶具应该是与所选茶叶冲泡有关联的，而不是开杂货铺一样把所有茶具全部摆放出来。从艺术性的角度而言，很多制作风格各异的茶具本身就是艺术品，具有独特的审美价值。在组合茶具时，应从质地、色彩、形状、大小等方面加以考虑，通过对比决定取舍。

茶具组合的基本原则是：其一，质地尽量协调一致，避免出现各种材质茶具的大杂烩。其二，色彩协调，整体感好。忌色彩杂乱、炫目。其三，形状、大小既有变化，又有关照，避免反差太大导致组合失调。

3. 铺垫

铺垫是指茶席设计中用于摆放物品的铺垫物，包括各种织物，如棉布、丝绸、草编、竹编等。其作用是确立茶席的基础，烘托茶具的组合（图7-5）。

图7-5 铺垫

铺垫的使用，需要注意形状、质地和色彩。与一般的台布使用不同，铺垫的形状可根据需要铺成多种几何图形，如正方形、长方形、三角形、圆形等。也可以采用一块以上铺垫，但要注意整体性，切忌零碎、繁杂，支离破碎。就质地而言，织布类铺垫质地柔软，适宜在较大面积的设计中使用；草编、竹编一类铺垫质感较好，除作地面铺垫外，一般适宜作小面积铺垫。铺垫的色彩，首先应起到表现茶具的作用，或以相近色彩烘托茶具；或以反差较大的色彩突出茶具。其次，铺垫的色彩应与周围环境的色调相协调给人清新、自然的感受，忌突兀。

4. 焚香器具

焚香的目的是营造优雅的品茗环境。焚烧的香品一般以线香为主。焚香用具通常选用香炉，材质有陶土、瓷、金属等。式样古朴的香炉在宗教题材、古代宫廷题材和文人题材茶席设计中尤其能起到较好的作用。

选择香品时，应考虑茶品香气的浓淡、场地空间的大小以及季节变化的特点，做到不夺茶香、花香，不阻碍观众视线，不影响冲泡的操作。

是否选择焚香，是根据茶席设计的主题来确定的，不能一概而论。

5. 茶艺插花

茶艺插花源自我国古代，在茶席设计中是以鲜切花和叶材的艺术组合来衬托品茗环境的一种方法。

与艺术插花不同，茶艺插花作品只是茶席设计的一个组成部分，要求简洁、淡雅，一支不嫌少，堆砌多了反而繁杂。花材一般不宜选择花型较大，色彩艳丽、香气浓郁的。插花的花器在质地、色彩、形状、大小方面最好能与茶具相协调，也可以选用茶具作为花器（图7-6）。

图7-6　插花

6. 书画作品

书画作品包括书法作品和绘画作品。

茶席设计使用的书法作品应选择与茶有关的诗、词、对联等。如果是根据茶席设计主题创作的书法作品当然更好。绘画以中国画为宜。书画作品是营造中国传统文化氛围的最好元素，学习一点关于书画的常识和基本欣赏方法也是提高自身修养的途径。

7. 装饰工艺品

装饰工艺品包括一切可以用于茶席装饰的天然物品和人工物品。天然物品如花鸟鱼虫、石头树木，清新自然，意蕴悠长，自有一股大自然的气息。人工物品包括生活用品、艺术品、宗教用品、历史文物等。如笔墨纸砚、琴棋书画、木鱼念珠、玉器木雕等。总之，只要是能衬托茶席，表现主题的物品都可以作为装饰品出现在茶席设计中。运用得当，装饰品可以起到很好的作用（图7-7）

图7-7 装饰品

8. 茶点茶果

茶点茶果是指与饮茶活动相配合的小食品。在茶席设计中，茶点以制作精细、形制小巧为特点，茶果以色彩美观、滋味诱人为特点。选择一个恰当的容器盛装，茶点茶果也是很好的陪衬物。

9. 背景

背景是茶席设计的立体组合。与茶席设计相协调的背景可以在空间上延伸茶席设计的内涵，营造更大视角范围的品茗空间（图7-8）。

图7-8　背景

背景可根据主题的需要和条件选择室外背景或室内背景，室外一般可选山水树木、亭台楼阁为背景。在这样的环境中，人们视野开阔、心情舒畅。室内可选择装饰过的墙面、窗户、屏风或专门制作的喷绘图案做背景。

总之，进行茶席设计，要把以上要素有机地结合起来，做到主题鲜明，容易为人们理解和接受。

三、茶席设计的要求

茶席设计是在对茶文化有一定认识和理解的基础上进行的艺术创造活动。要设计出好的茶席作品，需要从以下几个方面作出努力。

（1）积极学习历史、文化知识，尤其是茶历史、茶文化的学习，接受传统文化的熏陶，不断提高个人文化修养。茶席设计不是简单的器具摆放，而是通过茶具组合表现中国文化的内涵和意境。因此，我们只有通过学习和领悟民族历史、文化的特质及表现方式，使自己的茶席设计有一个较高的起点，符合大众对传统文化审美的需求，才能获得认可和好评。

（2）加强对文学、艺术的学习，不断提高个人的艺术素养。茶席设计内容广泛，从大的方面来说涉及美学、民族学、民俗学、宗教学、文学艺术等多个学科，具体来说涉及色彩、构图、装饰、服饰、插花、焚香、书法、绘画、音乐、舞蹈等多方面的知识。这就要求我们要扩宽视野，博采众长，而不是仅仅将目光局限在茶上。

（3）从生活中汲取营养，巧妙构思，大胆创新。生活是一切艺术创作的源泉，闭门造车的结果是脱离生活，思维枯竭。因此，我们要善于从生活中发现素材、挖掘素材，在生活素材的基础上进行加工、构思，将素材与茶席设计融为一体，创作出既符合传统茶席设计理念，又具有时代精神的新作品、好作品。

第八章 销 售

第一节 销售技巧

在一般情况下，推销工作大都由专人进行负责。但茶艺人员在服务过程之中进行茶叶推销，往往是成功实现交易不可缺少的重要手段。因此，茶艺服务人员也有必要掌握一些基本的导购推销知识。从总的方面来讲，要成功地进行导购推销，至少在接近顾客、争取顾客、影响顾客三大方面，必须认真依礼而行。

一、接近顾客

不论是何种销售，都必须以接近顾客为起点。如果不能成功地接近顾客，便没有任何成功的机会可谈。

接近顾客，通常应当讲究方式，选准时机，注意礼节。

1. 讲究方式

在茶艺销售的服务过程中，要想真正接近顾客，就要注意方式。

（1）导购的方式。就导购而言，目前主要流行的有两种方式：主动导购和应邀导购。两者适用于不同的情况，具体作用也不尽相同。

①主动导购：主动导购是指当茶艺服务人员发现顾客需要导购之时，在征得对方同意的前提之下，主动上前为其进行导购服

务。它往往既可以表现出对顾客的重视之意，又有助于促销。它多用于顾客较稀少之时。

②应邀导购：应邀导购是指当顾客前来要求导购时，由服务人员为其所提供的导购服务。它多适用于顾客较多之时，具有针对性强、易于双向沟通等优点。

（2）推销的方式当前主要通行的大体上有下述 4 种方式。有时，四者可以交叉或穿插使用。

①现场推销：现场推销即在茶叶门市部或茶艺服务的现场，进行推销。它的长处是对象明确，手法灵活，易于调整，并且容易产生轰动效应。但是，它对推销人员有着较高的要求。

②上门推销：上门推销即由茶艺推销人员专程登门拜访潜在的消费者，向其直接进行商品或服务的推介。其长处主要是不受外界干扰，可以娓娓道来，但也容易遭到婉拒。

③电话推销：电话推销即由茶艺推销人员利用电话向潜在的消费者进行推销。其长处是节省时间，意明言简。但是，其对象性较差，而且难以及时进行自我调整。

④传媒推销：传媒推销即利用电视、计算机、广播、报纸、杂志等大众传播媒介所进行的推销。它的覆盖面广，影响大。但是，它所需费用较多，受众不好确定，反馈较为困难。

茶艺服务人员对茶叶的推销是以现场推销为主，辅以其他的方式。

2. 选准时机

不论是导购还是推销，接近顾客的具体时机都很有讲究。在进行茶艺导购推销时，假如不注意具体时机的选择，自己的主动意图必定难以实现。从总体上来讲，下列 4 种时机，皆为接近顾客对其适时进行导购推销的最佳时机。

（1）顾客产生兴趣之时。当顾客对某一茶叶或茶艺服务产生兴趣时，对其进行导购推销往往会受到对方的欢迎。

（2）顾客提出要求之时。当顾客直接要求茶艺服务人员为其导购，或希望进一步了解某种茶叶和茶艺服务时，最佳的表现应当是：恭敬不如从命。

（3）品茶环境有利之时。在气氛温馨、干扰较少的品茶环境中进行导购推销，往往会有较高的成功概率。

（4）当茶艺馆来客较多、茶价适宜之时。此时，因势利导地加大导购、推销工作的力度，通常可以取得较好的成绩。

3. 注意礼节

茶艺服务人员在接近顾客时，必须注意依礼行事，善待顾客。

（1）问候得体。在接近顾客之初，务必要先向对方道一句："您好！"必要时，还可以加上"欢迎光临"一语。在问候对方时，要语气亲切，面带微笑，并且目视对方。

（2）行礼有方。茶艺服务人员在接近顾客时，通常应向顾客欠身施礼或者点头致意。在一般情况下，欠身施礼与点头致意宜与问候对方同时进行。行握手礼，则多见于熟人之间，茶艺服务人员通常不主动向初次相交的顾客行握手礼。只有在对方首先有所表示时，一般应由顾客首先伸出手来，方可与对方握手。对茶艺服务人员来讲，与顾客握手时，忌戴手套和墨镜，并且，不得轻易以自己的左手与他人相握。

（3）自我介绍。接近顾客时，让对方明确自己的身份，是非常必要的。为此，必须要进行正确的自我介绍。通常可参照3种模式。一是只介绍自己的身份，它多用于现场服务之时。二是介绍自己所在的茶艺馆、部门及具体职务，它一般适用于较为正式的场合。三是将自己所在的茶艺馆、部门、具体职务及姓名一起加以介绍，它适用于最为正式的场合。

（4）递上名片。不少时候，尤其是在上门推销时，茶艺服务人员往往需要递上自己的名片，以便双方日后保持联络。递上名片，宜在自我介绍或对方有此要求时进行。正确的做法，是令其正面面对对方，双手或使用右手递交过去。需将名片同时递交多人时，应以"由尊而卑"或"由近而远"为序。依照惯例，不宜主动索要顾客的名片。但当顾客主动送上其名片时，则须依礼捧接。即应在道谢的同时，以自己的双手或右手接过对方的名片。在将其认真捧读一遍之后，应将其毕恭毕敬地收藏起来。

二、争取客户

茶艺服务人员在具体从事导购、推销工作中，必须在热情有度、两厢情愿的前提下，摸清顾客心理、见机行事，以适当的解说、启发和劝导，努力争取顾客，以求促进双方交易的成功。

争取顾客，不仅需要全体茶艺工作人员齐心协力，密切配合，而且要求每一位服务人员要善于运用必要的服务技巧。

具体而言，进行导购、推销时要想有效地争取顾客，通常有下述四个方面应该注意。

1. 现场反应敏捷

在争取顾客时候，茶艺服务人员必须做到观察入微，反应敏捷，及时根据现场的实际情况，采用自己的相应策略。在争取顾客时，手法千篇一律，其效果则不会太好。要做到现场反应敏捷，通常要求茶艺服务人员在进行导购、推销时尽量做到如下"六快"。

（1）眼快。主要是要求看清楚顾客的态度、表情和反应。

（2）耳快。主要是要求听清楚顾客的意见、反馈和谈诊。

（3）脑快。主要是要求对于自己的耳闻目睹作出准确而及时的判断，并且迅速作出必要的反应。

（4）嘴快。主要是要求回答问题及时，解释准确，得体而且流利与顾客进行语言上的沟通。

（5）手快。主要是要求在有必要以手为顾客拿取、递送物品，或以手为其提供其他服务、帮助时，又快又稳。

（6）腿快。主要是要求腿脚利索，办事效率高，行动迅速。既显示自己训练有素，又不会耽误顾客的时间。

2. 推介方式有效

在服务过程中，茶艺服务人员无论是具体从事导购工作还是具体从事推销工作，都时常有机会正面向客户推介商品或服务。在推介商品或服务过程中，只有采取正确的方式，才可以防治出师不利。

3. 摸清客户心理

在导购、推销之中，顾客的心理活动十分复杂。茶艺服务人员在导购、推销时若能对自己所服务的顾客的心理活动多一分了解，成功的把握便会多一分。在摸清顾客的心理活动方面，通常有下述4件事情必须做好。

（1）促使顾客加深认识。许多时候，顾客往往会对自己所感兴趣的某些茶叶商品心存疑虑。茶艺服务人员应尽量地向其提供更为详尽的有关情况，如有关茶叶商品的明显特点、主要性能、基本用途、价格优势、使用方法、制造原料、销售情况、售后服务等。

（2）促使顾客体验所长。在导购、推销之时，为顾客创造一些直接接触茶叶商品的机会，例如，请对方试尝茶叶商品、试享茶艺服务等。这样，可以加强对顾客感觉的刺激，促进其对茶叶商品实际效用的认识。

（3）促使顾客产生联想。在茶艺导购、推销过程中，茶艺服务人员可根据不同的对象，从茶叶商品的命名、商标、包装、造型、色彩、价格、知名度等方面，揭示其迎合顾客购买心理的相关寓意或特征，提示茶叶商品消费、茶艺服务享用时所带来的乐趣与满足，借以丰富顾客的联想。

（4）促使顾客有所选择。前面已经提过，为了避免顾客在购买茶叶时对其质量、用途、价格、售后服务等心存疑虑，茶艺服务人员在进行导购、推销时，最好要为顾客多提供几种选择。例如，可取出一定数量的不同品种的茶叶由其自行比较、挑选，或者将自己正在进行推介的茶叶与其他茶叶进行比较。这样做，一方面可以大大增强顾客对自己的信赖；另一方面也可以帮助顾客进行思考，权衡利弊。

4. 分清轻重缓急

茶艺服务人员进行导购、推销，是一项十分复杂的工作。尽管有关这方面的岗位规范非常详尽，但是对实际从事这类工作的茶艺服务人员来讲，最重要的，是应当做到在面对顾客之时胸有成竹，随机应变，争取变被动为主动。

临场反应机敏，要求茶艺服务人员在进行导购、推销时既要具备良好的个人素质，又要善于观察、了解顾客。除此之外，在具体推介茶叶商品、茶艺服务时，也要注意机动灵活。通常，应注意做好"四先四后"。

（1）先易后难。即在推介时应当先从顾客容易理解之处着手，然后逐渐由浅入深，提高其难度。

（2）先简后繁。即在推介时应当从其简单之处开始，然后逐渐由简而繁，渐渐地向其繁杂之处过渡。

（3）先急后缓。即在推介时应当从顾客急于了解之处开始，然后逐渐引向顾客必须了解的内容。

（4）先特殊后一般。即在推介时应当从其独特之处开始，然后再介绍较为一般之处。

三、影响顾客

人所共知，在导购、推销过程中，茶艺服务人员与顾客之间是相互发生影响的。茶艺服务人员必须明确，要想使自己的服务工作有所进展，重要的一点，是要想方设法对顾客施加更大程度的影响，而不是使自己深受顾客的影响。而茶艺服务人员所施加给顾客的影响，当然应当是正面的、积极的影响。如能对顾客真正地产生正面的、积极的影响，肯定会对促进双向沟通及导购、推销工作大有裨益。

根据服务礼仪的有关规范，能够在茶艺导购、推销过程中对顾客产生正面的、积极的影响的，主要有 6 个方面的服务。

1. 以诚实服务

在现代社会里，"真""善""美"颇为人们所看重。在服务过程中，尤其是在为顾客提供导购、推销服务时，茶艺服务人员的诚实与否，是深受顾客重视的。只有为顾客诚实服务，才会真正地把自己的茶艺导购、推销工作做好。

诚实服务，简言之，就是要求茶艺服务人员对顾客以诚相待，真挚恳切，正直坦率。随着我国市场经济的不断推进，广大消费者的知识、阅历正在不断地提高，对其盲目低估，加以欺骗，是极不明智的。相反，茶艺服务人员在服务过程中，如能对顾客诚实无欺，则必为他们所信任，他们也会放心地进行交易，甚至会成为"本店常客"。

2. 以信誉服务

有位国外的推销行家在介绍经验时曾说："信誉仿佛一条细细的丝线。它一旦断掉，想把它再接起来，可就难上加难了。"事实的确如此，对茶艺服务人员来讲，信誉确实是生意存在下去的生命线。一旦失去了信誉，生意便会失去立足之本。以信誉服务，应做到如下几点要求。

（1）遵诺守信，说到做到，对顾客不能信口开河，胡乱承诺，滥开空头支票。

（2）涉及信誉之事都不可马虎，因为信誉之事不分巨细，任何大的信誉都是由众多小的信誉积累而成的，失去小的信誉，就不可能有大的信誉。

（3）区别"夸"与"吹"，可"夸"而不可"吹"。对茶艺服务工作来说，"夸"是绝对必要的，而"吹"则不可取。因为，"夸"是为了让顾客了解自己的商品、服务好在哪里，能为对方提供哪些便利；而"吹"则是言过其实，虚张声势，毫无信誉可言的。

3. 以"三心"服务

以全心服务，就是要求茶艺服务人员在自己的工作之中，必须有意识地树立"三心"：一是要细心，即细心地观察顾客；二是要真心，即真心替顾客考虑；三是要热心，即热心为顾客服务。唯有细心、真心、热心这"三心"并具，才能够真正地感动"上帝"，实现茶艺服务人员服务顾客的目标，即让顾客动心、放心、省心，也使导购、推销取得成效。诚如一位营销专家所说："只有在实心实意地帮助顾客的同时，自己才更容易在事业上获得成功，并且还可以品味到生活的无穷乐趣"。

4. 以情感服务

富有情感，是人类的主要特征之一。情感，一般是指人们对于客观事物所持的具体态度。它反映着人与客观事物之间的需求关系。从根本上讲，人们的需要获得满足与否，通常会引起对待事物的好恶态度的变化，从而使之对事物持以肯定或否定的情绪。

茶艺服务人员的不同情感，往往会导致不同的服务行为：要么是行为积极，要么是行为消极。真挚而友善的情感，具有无穷的魅力和感染力；强烈而深刻的情感，可以促使自己更好地为顾客服务。以情感服务，要求茶艺服务人员必须具有。

（1）健康的情感。只有用健康的情感服务顾客，才能使自己的工作更加符合顾客的心理需要。

（2）正确的情感。待人真诚，必须使自己具有同情与恻隐之心，理解与宽容之心，尊重与体谅之心，关怀与友善之心。

（3）深厚而持久的积极情感。即在工作岗位上，要将个人情感稳固而持久地控制在有利于服务方面，并不因为自己与顾客双方某种因素的影响而变化无常。

5. 以形象服务

茶艺服务人员的个人形象关系到茶艺服务商家的整体形象，也关系到导购、推销能否成功。在茶艺导购、推销过程之中，它往往会成为一个重要的双向沟通的基础。无论从任何一个方面来讲，个人形象欠佳的茶艺服务人员，都是难以为顾客所接受并信赖的。因此，以形象服务，茶艺服务人员必须做到如下几点要求。

（1）树立起良好的个人形象。在个人的仪容、仪态、服饰、谈吐和待人接物方面，既要注意自爱，又要注意敬人。成功的茶艺服务人员，应当给人以文明、礼貌、稳重、大方的第一印象。

（2）处处维护自己所代表的茶艺馆的形象。一个成功的茶艺服务公司，留给其顾客的整体形象，理应是热情待客、优质服务、管理完善、言而有信。茶艺服务公司的整体形象，往往就具体体现在茶艺服务人员的所作所为之中。

6. 以价值服务

顾客持币购买商品、服务时，首先希望的是物有所值，这是一种普遍的心理状态，也是经济生活中等价交换规则的具体体现。使顾客感受到物有所值，应当成为茶艺服务人员做好本职工作正确的、基本的导向。这就是茶艺服务人员的以价值服务。

以价值服务，向茶艺服务人员提出的要求如下。

（1）使顾客了解清楚被推介的茶叶商品、茶艺服务的真实价值。只有这样，才能使顾客认识到自己即将做出的购买决策是物有所值的。

（2）注重茶叶商品、茶艺服务的使用价值。一般来讲，顾客所购买的主要是"需要的满足"，所以，在推介茶叶商品、茶艺服务时，其着重点应当是使用价值而不是它们的本身。从现代科学的角度来看，使用价值有物理性使用价值与心理性使用价值之分。前者指的是纯物质性的使用价值，后者则是指消费者在心理上、精神上的要求。在茶艺导购、推销，介绍使用价值时，正确的做法应当是两者并重。

（3）注重价格的合理性。价格是价值的具体表现形式。在不少情况下，价格往往会成为茶艺导购、推销工作的一种主要障碍。茶艺服务人员除了要掌握价格情况之外，还应有意识地避免过度的讨价还价，应该始终强调茶叶商品、茶艺服务的自身价值、完善的配套服务。

四、学会拒绝的礼仪技巧

无论是人际交往还是公关交往，有求必应是每个人都在追求的理想目标。但是，由于主客观条件的限制，我们事实上不可能有求必应。实际上，拒绝别人的思想观点、利益要求、行为表现的时候总是多于承诺、应允的时候。没有允诺和没有拒绝的交往都同样是不可想象的。

拒绝，可能是因为条件有限，可能是要维护自己的利益，可能是不得不兼顾第三者的利益，也可能是对方的要求不合情理。总之，理由可能是很多的。但是，纵使拒绝的理由有千条万条，由我们的拒绝所引起的心理抗拒及由此产生的消极情感的后果往往是不可避免的。为了使这样的消极后果降到最低限度，茶艺服务人员应当学习和掌握一些拒绝的礼仪技巧。

1. 准备勇气，适时说"不"

茶艺服务人员在提供茶艺服务的过程中，经常会遇到许多社会组织、群体或个人有求于你的时候，这些期望要求多数情况下又是不能一一满足的。遇到这种情况，该怎么办呢？一概承诺？不可能，也办不到，如果都答应下来，最后只能落得个言而无信的名声。支支吾吾，不置可否？也不合适，对方会以为你不负责任，缺乏能力。

不予拒绝的理由可能很多，例如，怕伤了顾客的自尊心，怕伤了双方的和气，怕由此招来不测的后果等，正是这样一些理由制约着我们常常不能果断地、面对面地拒绝别人。

客观上不能满足对方，或者很难满足对方，而主观上又当面给予了肯定的承诺，其后果只能是这样：要么自我谴责，产生自我抑制，后悔"早知今日，何必当初"；要么勉强应付，使自己或茶艺馆受到损害；要么言而无信，可能引起顾客反感，甚至憎恶。

心理学的研究成果表明，一个人的心理期望值越高，其实现值往往就越低，期望值与实现值常常是成反比的。有些场合，我们也许以为承诺是为了礼貌，是出于保护对方的自尊心不受伤害，是替公众考虑。可是，从我们承诺的那一刻起，对方的期望值就可能达到了饱和状态。如果最后的现实是我们的承诺根本不能兑现，对方的心理实现值就会由饱和状态一下跌至负值状态，就有可能出现情绪反常，甚至失态。这个时候，因我们的"有礼"承诺所引起的失礼后果就可想而知了。

为了长远、有效、脚踏实地地发展公共关系与人际关系，使众多的不得不采取的拒绝行为所引起的抗拒心理和消极情绪，反应降到最低限度，茶艺服务人员应当首先自觉地建立起一种随时准备说"不"的勇气和自信心。

2. 巧言诱导，委婉拒绝

拒绝，是一项高难度的专门技巧，茶艺服务人员应当认真学习和探讨：要善于根据不同情况运用不同的拒绝艺术，才能收到好的效果。

虽然应当提倡茶艺服务人员适时地表达"不"，但真正能愉快地接受"不"字的人恐怕是没有的，相反，断然地拒绝必将导致顾客的不满；轻易地、直截了当地说"不"，只会让人以为你是一个毫无诚意的人。著名心理学家杰·达拉多认为，"人的攻击行为的产生，常常以欲求得不到满足为前提"。如果我们一遇到需要否定的场合就忙不迭地连声说"不，不，不"，不但表现了我们的浅薄幼稚，而且很有可能断送了友谊，断送了茶艺馆与顾客的良好关系。

必须表达否定的时候，首先需要尊重对方，说话要适当、得体，会使用一些敬语，来扩大彼此的心理距离。人们都有这样的体会，在亲人、熟人面前，人们总是在言语上要随便一些，表现得有话直说，直来直去。在面对陌生人时，人们总是彬彬有礼，说话很注重分寸，对方在这样的情境下，很难一下向你提出什么要求，表达什么意愿。当我们需要表达否定的时候，如果也多用敬语，在语言上表现出对对方格外尊重，对方也往往会随之产生"可敬不可近"的感觉。这种用敬语扩大距离的否定法，适合在交往还不是太深的顾客面前使用。

采用诱导方法也是表达否定的极好手段。需要否定时，不妨在言语中安排一两个逻辑前提，不直接说出逻辑结论，逻辑上必然产生的否定结论留给顾客自己去得出，这样的逻辑诱导否定法如果是在面对上级、身处领导地位的人时使用，效果往往比较理想。例如，战国时，韩国大臣掺留就曾经有效地使用过这样的方法。有一次，韩宣王就欲重用两个部下一事征求掺留的意见，掺留明知重用两人不妥，但直言其"不"，效果肯定不好，一是可能冒犯韩宣王；二是韩宣王以为自己嫉妒贤能。于是掺留用下面这段话表达了自己的见解：魏王曾因重用这两个人丢失国土，楚国也曾因重用他们而丢过国土，如果我们也重用这两个人，将来他们会不会也把我国出卖给外国呢？这位大臣的诱导式拒绝法被韩宣王愉快地接受了。

3. 道明原委，互相理解

一般来说，我们之所以拒绝对方，总是有一些不得不这样做的原因，总是有我们主观或客观方面的困难，对于这些困难，顾客未必知道或未必完全清楚。因此，我们不妨面对顾客直陈我们的难处，求得对方的理解和谅解。社会民众的思想文化水平正在不断提高，只要我们彼此能以诚相待，顾客也一定能理解我们所处的难处和不得不拒绝的理由。

有时候，我们拒绝的理由很难直陈，或没有时间讲清楚，或担心顾客难以理解。面对这种情况，我们也不妨只用一些"哎呀，这咋办呢?""真伤脑筋"之类的话就可以了。不必具体解释理由，顾客一般也不会再追问具体理由的；即使是问，也可继续使用"哎呀，真是一言难尽，真没办法!"之类的话给予回答。

拒绝顾客的时候，一方面要求对方的理解；另一方面也应主动地理解顾客，这样才能达到理想的公关效果。例如，当阐释不得不拒绝的理由时，我们不妨客观真诚地说明一下，切不可生硬地回绝，甚至有伤顾客的脸面。凡事往往都有两个方面，坏事里面总是可能包含着好的一面，只要我们内心是热情坦诚的，这样的拒绝方法不仅不会伤和气，而且有可能促进双方关系的发展，顾客会把你看成是一个善解人意的人。

无论拒绝的方法多么礼貌，多么富于人情味，但是，拒绝终归不能像承诺那样引起顾客的好感，总会有乘兴而来，败兴而归的心理感受。为了缓解顾客因我们的拒绝而产生的瞬时不快情绪，也为了表明我们的诚意，我们不妨在准备说"不"的时候，就主动为顾客考虑一下退路或补救措施，使顾客的情感能够转移，不致一下子跌入失望的深谷。例如，当顾客来求我们为其解决困难，而我们又无能为力的时候，我们不妨采取一点"补偿"性措施，向对方推荐一下目前有实力解决这类问题的我们的同行等。这样，既可以使顾客获得心理补偿，减少因遭拒绝而产生的不满、失望，又表达了我们的诚意，使顾客能真正理解我们。

美国口才与交际学大师卡耐基有一次不得不拒绝一个于情于理都不应拒绝的演讲邀请，他是这样对邀请者说的："哎呀，很遗憾，我实在是排不出时间来了。对啦，某某先生也讲得很好，说不定是比我更适当的人选呢"。

礼貌拒绝对方的方法还有很多，如让步拒绝法、预言拒绝法、提问拒绝法等。

只要我们以理解、真诚维系和发展公众关系为前提，认真总结、升华不得不说"不"的方法，以我们自己的人格、以我们所在公司的风格和美誉做保证，我们就一定能找到如何礼貌拒绝顾客的各种具体方法。

第二节　茶单的使用

一、茶单的设计原则

1. 以宾客的需要为导向

茶单策划前，要确立目标市场，为了解宾客的需要，根据宾客的口味、喜好设计茶单。茶单要能方便宾客阅览、选择，要能吸引宾客，刺激他们的品饮欲望。

2. 以茶艺馆所具备的条件为依据

设计茶单前应了解茶艺馆的人力、物力和财力，量力而行，同时对自己的知识、技术水平做到胸中有数，确有把握，以策划出适合本茶艺馆的茶单，确保获得较高的销售额和毛利率。

3. 体现本茶艺馆的特色，以利于提高竞争力

茶艺馆首先应根据自己的经营方针来决定提供什么样的茶单，是西式还是中式；是大众化茶单还是特色茶单。茶单设计者

要尽量选择反映本店特色的茶类列于茶单上，进行重点推销，以扬茶艺馆之长，增强竞争力。茶单应具有宣传性，促使宾客慕名而来；成功的茶单往往总是把一些本茶艺馆的特色茶类或重点推销茶类放在茶单最引人注目的位置。

4. 灵活善变，适应品饮新形势

设计茶单要灵活，注意各大茶类品种的搭配。茶类要经常更换，推陈出新，总能给宾客新的感觉。茶单还要考虑季节因素，安排时令茶类，同时，还要顾及宾客的个性爱好要求。

5. 讲究艺术美

茶单设计者要有一定的艺术修养。茶单的形式、色彩、字体、版面安排都从艺术的角度去考虑，而且还要方便宾客翻阅，简单明了，对宾客有吸引力，使茶单成为茶艺馆美化的一部分。茶单封面与里层图案均要精美，且必须适合于茶艺馆的经营风格，封面通常印有茶艺馆名称标志。茶单的尺寸大小要与本茶艺馆销售的茶叶商品、茶饮种类之多少相适应。一般来说，一面纸上的字与空白应各占50%为佳。字过多会使人眼花缭乱，前看后忘；空白过多则给人以茶品不够，选择余地少的感觉。不能指望茶单上的每样茶类都很受欢迎，有些茶类尽管订茶人不多，选入茶单的目的是增加宾客选择的范围。

二、茶单的设计制作

1. 茶单的文种、字体和规格

茶单上的茶名一般用中英文对照，以阿拉伯数字排列编号和标明价格。字体要印制端正，并使宾客在茶艺馆的光线下很容易看清。各类茶的标题字体应与其他字体有所区别，既美观又突出。除非特殊要求，茶单应避免用多种外文来表示茶名，所用外文都要根据标准词典的拼写法统一规范，防止出现差错。

茶单的式样和规格大小，应根据茶饮内容、茶艺馆规模而定。一般茶艺馆使用 28cm×40cm 单面、25cm×35cm 对折或 18cm×35cm 三折茶单比较合适。当然，其他规格或式样的茶单也非罕见。重要的是茶单的式样须与茶艺馆风格协调，甚至茶单的大小还应该考虑与茶艺馆的面积和座位空间相协调。

2. 茶单用纸的选择

为了使茶单更精美、更耐用，对选择哪种纸张印制茶单也得花功夫。如何选择茶单的制作材料，取决于茶艺馆使用茶单的方式。一般来说，茶艺馆使用茶单有"一次性"和"耐用"两种差距很大的方式。"一次性"即使用一次后就处理掉，"耐用"当然指尽可能长期地使用。如果茶单内容每天更换，如当日茶单，那么"一次性"使用便是选择制作材料的依据。这种茶单应当印在比较轻巧、便宜的纸上。由于它被使用一天后就丢弃不用，因而不必考虑纸张的耐污、耐磨等性能。但是，茶单的一次性使用并不意味着可以粗制滥造。事实上，轻巧单薄的纸上仍然可以印出精美的茶单。选用质地精良、厚实的纸张，如绘画纸、封面纸等，茶单还必须考虑纸张的防污、去渍、防折和耐磨等性能。当然，耐用的茶单也不一定非得完全印在同一种纸上，不少茶单是由一个厚实耐用的封面加上纸质稍逊的纸张组成。

3. 插图与色彩运用

茶单的装帧，特别是插图、色彩运用等艺术手段，必须与茶饮内容和茶艺馆的整体环境相协调。茶艺馆若以供应宫廷名茶为主，茶单则以装点得古色古香为妙，让茶单与茶饮相映成趣。一般茶艺馆的茶单可用建筑物或当地风景名胜的图画作为装饰插图。色彩的运用也很重要。第一，赏心悦目的色彩能使茶单显得更加吸引人；第二，通过彩色图画能更好地介绍重点茶饮；第三，色彩还能反映一家茶艺馆的情调和风格。因此，要根据茶艺馆的规格和种类选择色彩。淡雅优美的色彩如浅褐、米黄、淡灰、天蓝等可作为基调，再点缀性地运用一些鲜艳色彩，便会使人觉得这是一个具有较高档次的茶艺馆。

第三节　销售服务

一、茶叶包装

1. 茶叶包装的种类及其包装材料的选择

茶叶的包装，指的是保护茶叶品质的容器。按其功能可分为大包装和小包装两类。大包装，即运输包装，又称外包装，用于装散茶、小包装茶及各种砖茶。小包装，即销售包装，又称内包装，主要为了方便市场上销售。茶叶的大包装主要有 3 种：箱装、袋装和篓装。

茶叶箱有木板箱、胶合板箱和纸板箱之分。纸板箱有瓦楞纸板箱和牛皮纸箱两种。一般茶叶箱内衬有铝纸罐或者塑料袋，以防受潮。

茶叶大包装的包装袋一般有麻袋内衬塑料袋、麻袋涂塑和塑料编织袋。最近国外产茶国和茶叶商有以纸袋来取代胶合板箱和瓦楞纸箱。托盘包装纸袋是由 2~3 层牛皮纸与 1~2 层聚乙烯薄膜复合而成，外层经过特殊处理加工，增强了抗压、防潮的性能。

茶叶大包装的篓装，用竹篾编成的篓，内衬竹叶，一般用于装六堡茶、普洱茶、各种砖茶等。

由于国际上超级市场旅游业兴隆，食品小件包装发展较快。包装业也随之发展起来，要求发展新的小包装材料和包装技术以适应商品生产的迫切需要。茶叶商品小包装的需要量也日益增多，如美国目前各种茶叶消费量中，袋泡茶和小包装茶约占59%，客观上需求茶叶小包装生产量增多，质量更高。茶叶包装技术的研究课题主要是研究小包装技术。

小包装与大包装用料还有不同。选作茶叶小包装的材料，除了具备避光性能外，最主要的是要求防潮性良好和不透气。

目前，茶叶小包装材料，大多用的是白铁皮、纸张、纸板和塑料，此外，还有竹、木、玻璃和陶瓷等。白铁皮材料的防潮、避光、防异味和抗压等性能较好，但费用大，盛器不宜制得太小，容量最小在百克以上，用于做大包装为宜。纸质材料的防潮性能不如白铁皮，但质轻，加工容易，费用低，较易于推广，需求量最大的就是纸质材料，包括袋泡茶用的过滤纸、泡茶用的纸袋纸及外包纸盒等。

一般的纸质材料透气率较大，防潮性能较差，须经过特殊处理后，降低透气度，才宜作为茶叶商品的包装材料。当然，袋泡茶用的纸袋则相反，要求透气大，使茶叶内含物快速渗入到茶汤中。

2. 包装操作技术

（1）要求保持包装环境干燥。一般要求采用空调吸湿设备降低包装车间的湿度，保持包装车间的相对湿度在50%以下。有必要改革包装机械成为整机封闭状况（将储茶斗也封闭在内），造成在茶叶包装过程完全处于相对密闭的、干燥的环境下进行。这样既可减少茶叶吸收水分，又可防止茶叶香气物质的挥发而造成的损失。

（2）要尽量缩短包装的时间。茶叶水分的增加幅度是随着暴露在空气中的时间的增加而增加，因此，应该注意缩短茶叶与空气接触的时间，要求做到随时开茶箱取茶，随时包装，快速包装。严格执行操作制度，防止水分的增加和茶香的散失。

采用抽氧包装和脱氧包装更是要求操作熟练，做到快速包装。

（3）注意包装外观的美化。小包装属零售包装，直接与消费者见面。装潢是小包装的表面装饰，是美化商品外观，增强印象，以唤起消费者的购买热情。装潢是商品最有效的广告宣传，有人称包装装潢是"无声推销员"和销售"尖兵"。

有人认为，"美化包装的职责在于使常受习惯控制的顾客着眼到能引人入胜的包装上而动心选购"。有人甚至提出："包装上的外形、颜色、图画和字句都会影响消费者品尝时的感觉"，这是不无道理的。如西藏地区人们对黄色纸包的茶叶感到特别贵重；同样质量的茶叶不用黄纸包装，就成了一般茶叶。因此，在美化包装中要求构图突出茶叶的特征，使茶叶形象鲜明；运用色彩应十分注意各个国家、各个民族人民所喜爱的色调和禁忌的颜色。同时，应做到图文并茂，使茶叶包装本身成为一种工艺品、纪念品、礼品，给人们以健康的、美的享受，从而引起顾客的购买欲。如日本市场上有种新颖的龙井茶小包装，图案古朴，突出中国书法家书写的"浙江龙井茶"字样，深受欢迎，销售量较大。

二、结账与送别

1. 结账

在为宾客上完最后一道茶后，即应开始做好结账的准备工作，以备宾客随时结账付款。值台员不要用手直接将账单递交给宾客，而应该把账单放在垫有小方巾的托盘（或小银盘）里送到宾客面前。为了表示尊敬和礼貌，放在托盘内的账单正面朝下，反面朝上。宾客付账后，要表示感谢。

如果宾客要直接向收款员结账，应客气地告诉宾客收银台的位置，并用手势示意方向。

2. 送别

宾客起身离去时，应及时为宾客拉开座椅，方便行走。并注意观察和提醒宾客不要遗忘随身携带的物品，代客保管衣物的服务员，要准确地将物品取递给宾客。在宾客离开之前，不可收拾撤台。

　　要有礼貌地将宾客送到茶艺馆门口，热情话别，可以说："谢谢各位光临。""再见，欢迎您再来!"等道别语，并做出送别的手势，躬身施礼，微笑目送宾客离去。宾客乘车，要提前通知司机将车辆驶抵大门口，主动上前打开车门。宾客上车后，替宾客关好车门站立一侧，挥手告别，目送车子离去。

参考文献

查峻峰，尹寒．2003．茶文化与茶具［M］．成都：四川科学技术出版社．

陈文华，余悦．2005．茶艺师·基础知识［M］．北京：中国劳动社会保障出版社．

读书时代．2004．初级茶艺［M］．兰州：甘肃文化出版社．

乔木森．2005．茶席设计［M］．上海：上海文化出版社．

吴本．2006．饭店服务与管理［M］．北京：中国农业出版社．